Kaninchensprache

AUTORIN: ESTHER SCHMIDT | FOTOGRAFIN: REGINA KUHN

Inhalt

4 Kaninchen unter sich

5 Kommunikation als Lebensversicherung
6 Im Reich der Sinne
6 Lauschangriff
6 Alles im Blick
7 Ein guter Riecher
8 Echte Feinschmecker
10 **Auf einen Blick:** Was Kaninchenaugen verraten
12 Kaninchen-Latein
12 Mit leisen Tönen
13 Ausdruck purer Lebensfreude
14 »Duftige« Kontaktaufnahme
15 Auf Krawall gebürstet
17 Männchen machen
18 Kaninchens größte Leidenschaften
18 Aktion Tunnelbau
19 Meister im Nagen
20 Informationen über die Nase
21 **Experten-Tipp:** Durch die »Blume« sprechen
22 Kaninchenrassen im Porträt

24 So spricht das Kaninchen

25 Wortlose Kommunikation
26 Wie Sie die Signale richtig deuten
27 »Ich fühle mich pudelwohl«
28 »Ich habe Angst«
28 Eindeutige Warnsignale
29 Grundbedürfnisse ausleben
30 Die Sprache der Düfte
30 Das ist meins!
32 Ausdrucksvolles Ohrenspiel
34 Typisch Stubenkaninchen
35 In Meckerlaune
36 Typisch Freigänger

36 Immer auf Achse
38 Verdeckte Körpersprache
38 Perfekte Schauspieler
39 Ein gepflegtes Erscheinungsbild
40 Seltsame Verhaltensweisen
40 Nachwuchs im Anmarsch
41 Voreilige Mutterfreuden
42 WG-Zoff
43 Stubenrein – das war einmal
43 **Experten-Tipp:** Missverständnisse vermeiden

44 Von Mensch zu Kaninchen

45 Respektvoller Umgang
46 Verständigung schafft Vertrauen
46 Eine Frage des Charakters
48 **Tut gut – Besser nicht**
50 Kontaktprobleme erkennen
50 Angeborene Scheu
51 Negative Erfahrungen
51 Versteckte Erkrankungen
52 Zwischenartlicher Dialog
54 Kleine Benimmschule
54 Erziehung auf die sanfte Tour
54 Eine gute Kinderstube
55 Das richtige Timing
56 Direkte Ansprache
57 Sinnvolle Lernziele
59 Belohnen statt strafen
59 **Experten-Tipp:** Probleme durch Zucht

Extras

60 Register, Service, Impressum
64 GU-Leserservice
Umschlagklappen:
Verhaltensdolmetscher
SOS – was tun?
Die 10 GU-Erfolgstipps

Kaninchen unter sich

Die wilden Verwandten unserer Hauskaninchen führen ein Leben voller spannender, aber auch gefährlicher Abenteuer. Ihre stärkste Waffe im Kampf ums Überleben ist ein enger Gruppenzusammenhalt, der nicht nur einen ausgefeilten Ordnungsapparat, sondern auch eine lückenlose Verständigung untereinander erfordert.

Kommunikation als Lebensversicherung

Wildkaninchen sind sehr soziale Tiere, die in großen Familienverbänden zusammenleben. Eine Kolonie besteht aus über 100 Kaninchen, die sich wiederum in kleineren Gruppen bis zu zehn Tieren zusammenfinden. Innerhalb der Familie herrscht eine strenge Hierarchie – der Stärkste gibt den Ton an, die anderen folgen. Natürlich steht es jedem Langohr frei, sich einen Platz in der Chefetage zu erobern. So ist gewährleistet, dass immer die fähigsten Kaninchen die Truppe anführen.

Das Leben in der Großfamilie regeln Dazu bedarf es einer differenzierten Verständigung. Hierbei beschränken sich die Kaninchen nicht nur auf die Lautsprache, sondern sie kommunizieren auch mittels Körpersprache und Duftbotschaften. Missverständnisse können sich die Kaninchen nicht leisten, denn sie bedrohen nicht nur den Einzelnen, sondern die gesamte Kolonie.

Teamwork ist gefragt

Kaninchen lieben das gesellige Beisammensein und arbeiten Pfote in Pfote. Beim Tunnelbau graben die besten Statiker an vorderster Front, die Helfer schieben den Erdaushub weiter. Wer einen guten Futterplatz entdeckt, lädt die gesamte Sippe zum Essen ein. Die Ausbildung des Nachwuchses lastet nicht allein auf Mamas Schultern. Es stehen viele Onkel und Tanten bereit, die die Kleinen fit machen für den täglichen Überlebenskampf.

Gemeinsam sichern Der Bedrohung durch Fressfeinde begegnen die Kaninchen mit einer hohen Wachsamkeit, einem ausgeklügelten Frühwarnsystem und einem schnellen Reaktionsvermögen. Bei jedem Höhlenausflug kommandiert man Aufpasser ab, die über die Familie wachen. Droht Gefahr, rühren sie eilig die »Buschtrommel« und leiten so die Evakuierung des Krisengebietes ein.

Im Reich der Sinne

Geboren als Beutetiere, stehen Kaninchen auf dem Speiseplan von kleinen Raubtieren und Greifvögeln weit oben. Im direkten Kampf haben die wehrlosen Tiere ihren Feinden nichts entgegenzusetzen und suchen deshalb ihr Heil in der Flucht. Dafür hat die Natur sie nicht nur mit flinken Beinen, sondern auch mit hervorragenden Sinnen ausgestattet, die sie rechtzeitig vor drohender Gefahr warnen.

Lauschangriff

Kaninchen haben ein sehr empfindliches Gehör, dem kaum ein Laut entgeht. Schon beim kleinsten Geräusch begeben sie sich in die Habachtstellung. Dazu heben sie den Kopf, stellen die Ohren auf und verharren regungslos. In Windeseile werden die empfangenen Geräusche analysiert und als sicher oder gefährlich eingestuft. Reichen die Informationen nicht aus, richten sich die Mümmelmänner auf den Hinterbeinen auf, um auch den oberen Luftraum abzuchecken. Aus Sicherheitsgründen erfolgt dieses »Männchen machen« auch in kurzen Abständen prophylaktisch.

Die Ohren – wahre Hightech-Hörsysteme Die sogenannten Löffel ähneln in ihrem Aufbau länglichen Schalltrichtern. Sie lassen sich unabhängig voneinander bewegen und auf verschiedene Geräuschquellen ausrichten. Die Kaninchen decken auf diese Weise einen Hörraum von 360 Grad ab, ohne den Kopf drehen zu müssen. Anschleichende Feinde haben kaum eine Chance, denn saß ein Langohr tatsächlich einmal auf seinen Löffeln, warnt ihn garantiert sein aufmerksamer Nachbar.

Alles im Blick

Seitlich am Kopf sitzende Augen verschaffen den Kaninchen eine fast perfekte Rundumsicht. Nur ein kleiner Bereich direkt vor ihren Näschen bleibt ungesehen. Der auf Fernsicht geschulte Blick registriert Feinde sofort, egal, aus welcher Richtung sie sich nähern. Hingegen ist das räumliche Sehvermögen deutlich eingeschränkt. Aufgrund der

Aufmerksam wacht der langohrige Posten über seine Artgenossen. Er hat sich hoch aufgerichtet, um auch den oberen Luftraum zu sichern.

Das Kaninchen fühlt sich sicher und mümmelt entspannt vor sich hin, doch seine hervorragenden Sinne schalten niemals völlig ab.

Irgendetwas hat die Aufmerksamkeit des Mümmlers erregt. Vorsichtig macht er sich auf den Weg, um die Ursache der Störung zu erkunden.

weit auseinanderstehenden Augen ist der Bereich, den beide Augen gleichzeitig wahrnehmen, relativ klein. Zudem können sich die Pupillen der Langohren nur minimal an veränderte Lichtverhältnisse anpassen, sodass Kaninchen grelles Licht meiden.

Farbensehen Ob Kaninchen in der Lage sind, Farben zu unterscheiden, ist umstritten. Ihre Sehfähigkeit ist mehr auf das Dämmerungssehen ausgerichtet als auf das Farbensehen. Man vermutet, dass die Langohren die Farben Weiß, Blau und Gelb gut erkennen können, jedoch rotgrünblind sind. Das heißt, diese beiden Farbtöne erscheinen ihnen als eine Farbe, sie unterscheiden sich lediglich aufgrund der Helligkeit voneinander.

Ein guter Riecher

Auch wenn es das niedliche Stupsnäschen nicht vermuten lässt – Kaninchen verfügen über einen außerordentlich guten Geruchssinn. Die Schleimhäute, die das feine Riechorgan innen auskleiden, sind mit etwa 100 Millionen geruchswahrnehmenden Zellen ausgestattet. Der Mensch besitzt nur einen Bruchteil davon. Beim Riechtest haben die Schnüffler also eindeutig die Nase vorn.

Geruchsaufnahme Sie erfolgt über das sogenannte Nasenblinzeln, bei dem sich die Nasenfalten des Kaninchens synchron heben und senken. Je schneller geblinzelt wird, umso aufgeregter ist der Hoppler. Mithilfe des Jacobsonschen Organs,

Hören **wie die Großen**

Zwergkaninchen sind Miniaturausgaben ihrer großen Verwandten, bedürfen aber ebenso guter Pflege. Mit der Körpergröße ist auch die Länge ihrer Ohren geschrumpft. Von den einst langen Löffeln ist nicht mehr viel zu sehen. Nichtsdestotrotz verfügen die Zwerge über ein außerordentlich gutes Gehör, das ihren großen Vettern kaum nachsteht. Auch ihre anderen Sinne sind topfit.

das auf die Erkennung von chemischen Duftstoffen spezialisiert ist, wird die eingesogene Luft einer genauen Prüfung unterzogen. Dadurch entgeht den Kaninchen nicht der feinste Duft.

Duftbotschaften versenden Kaninchen geben über verschiedene Hautdrüsen viele aussagekräftige Geruchsstoffe ab.

› Die Kinndrüse, die bei den Rammlern besonders gut entwickelt ist, wird vorwiegend zur Reviermarkierung und zur Klärung von Besitzansprüchen eingesetzt (→ Seite 21).

› Die Anal- und Leistendrüsen dienen zur Individualmarkierung (→ Seite 20). Jedes Tier hat seinen ganz speziellen Geruch und kann anhand seiner »Parfümmarke« identifiziert werden. Sippenfremde Artgenossen und Feinde werden so rechtzeitig erkannt und enttarnt. Zudem geben diese Duftstoffe, die auch Pheromone genannt werden, Aufschluss über Lebensalter, Geschlecht, Rangstellung sowie Paarungsbereitschaft eines Kaninchens. Sie spielen also eine tragende Rolle beim Sozial- und Sexualverhalten der Tiere.

Neugierig beschnuppert das Kaninchen den Baum. Ob hier wohl schon ein Artgenosse seine duftende Visitenkarte hinterlassen hat?

Echte Feinschmecker

Wildkaninchen sind sehr wählerisch und futtern noch lange nicht alles, was Mutter Natur ihnen auftischt. Ihre Mund- und Rachenhöhle ist mit unzähligen Geschmacksknospen ausgestattet, die eine Unterscheidung zwischen süß, sauer, bitter und salzig ermöglichen. Geruch und Geschmack einer Pflanze geben Auskunft darüber, ob sie in die Kategorie »lecker«, »bekömmlich«, »schlecht bekömmlich« oder gar »giftig« gehört. Giftpflanzen verraten sich meist durch einen sehr bitteren Geschmack und werden deshalb gemieden. Dieses praktische Auswahlverfahren funktioniert bei unseren Hauskaninchen leider nur eingeschränkt.

Wohnungskaninchen Insbesondere die in der Wohnung gehaltenen Mümmelmänner haben manchmal den Unterschied zwischen Futter- und Giftpflanze schlichtweg vergessen. Deshalb sollte nur unbedenkliches Futter gereicht werden. Zudem muss vor dem Freilauf im Garten das Gehege unbedingt auf »Futtertauglichkeit« überprüft und unbekömmliche Grünkost entfernt werden.

Freilandhoppler Kaninchen, die das ganze Jahr draußen leben, haben sich oftmals ihren guten Instinkt bewahrt. Unserer großen Kaninchensippe stehen über 1000 m² Freiland zur Verfügung, das wir unmöglich von allen Giftpflanzen befreien können. Trotzdem hatten wir noch nie einen Fall von Vergiftung. Die pfiffigen Langohren suchen gezielt nach wohlschmeckenden Gräsern und Kräutern und lassen die gefährlichen Pflanzen einfach stehen. Wir vermuten, dass sich die Kaninchen untereinander anleiten und ihre Erfahrungen weitergeben.

Mutter Natur hat reichlich aufgetischt. Auf der bunten Wiese wachsen viele verschiedene Gräser und Kräuter, die sich die kleinen Gourmets gern schmecken lassen. Die rohfaserreiche Kost macht nicht nur satt, sie sorgt auch für den wichtigen Backenzahnabrieb und hält die Taille schlank.

Mit viel Gefühl

So wie wir Menschen nehmen auch die Kaninchen Berührungen über ihre gesamte Körperoberfläche wahr. In der Haut sitzende Rezeptoren reagieren auf verschiedene Außenreize, wie beispielsweise Wärme, Kälte, Druck, Vibration und Schmerz.

Gefühle wahrnehmen Dabei spielen die Tasthaare, auch Vibrissen genannt, eine besondere Rolle. Sie befinden sich im Mund- und Nasenbereich sowie über den Augen und an den Wangen des Kaninchens. Tastnerven an der Haarwurzel reagieren schon auf feinste Berührungen. So können auch Hindernisse erkannt und umgangen werden, die nicht von den Augen erfasst werden. Die Tasthaare fungieren zudem als Abstandshalter. Sie geben Auskunft darüber, ob das Kaninchen durch einen Durchschlupf passt. Vor allem in der Dunkelheit sind die Vibrissen ein wichtiges Orientierungsmittel. Deshalb darf man nie daran ziehen, sie verbiegen oder gar abschneiden.

Was Kaninchenaugen verraten

Panisch

WEIT AUFGERISSENE AUGEN Das Kaninchen befindet sich in einer akuten Stresssituation. Es bangt um sein Leben und verfällt aus Angst in eine Starre (→ Seite 14). Wenn Sie sich nicht sicher sind, ob Ihr Kaninchen wirklich entspannt auf Ihrem Arm ruht oder vielleicht nur vor lauter Furcht regungslos verharrt, dann schauen Sie ihm in die Augen.

Noch blind

GESCHLOSSENE LIDSPALTE Kaninchenbabys gehören zu den Nesthockern, sie kommen mit geschlossenen Ohr- und Lidspalten zur Welt. Ihre Umgebung nehmen sie nur über ihren bereits sehr gut entwickelten Geruchs- und Tastsinn wahr. Die Augen öffnen sich erst 7 bis 12 Tage nach der Geburt.

Kränkelnd

KRANKES AUGE Jedes Kaninchen mit krankhaften Veränderungen im Augenbereich gehört in die Hände eines erfahrenen Tierarztes. Nur er kann die richtige Diagnose stellen und entsprechende Maßnahmen zur schnellen Heilung ergreifen. Bei der Verabreichung verordneter Medikamente sollten Sie sich unbedingt an die Anweisungen des Arztes halten.

Aufmerksam

GEÖFFNETE AUGEN Sie sind ein Zeichen von gesteigerter Aufmerksamkeit. Ursache hierfür können unbekannte Geräusche und Gerüche, die neugierige Erkundung eines neuen Territoriums, aber auch die Beunruhigung über eine vermeintlich drohende Gefahr sein.

Ruhend

GESCHLOSSENE AUGEN Sie deuten auf extreme Müdigkeit und ein ausgeprägtes Ruhebedürfnis hin. Nur Kaninchen, die sich völlig sicher fühlen, schließen ihre Augen vollständig. Nicht selten liegen sie dabei entspannt auf der Seite und legen den Kopf auf den Vorderpfoten ab. Ein ständig schläfriger Hoppler, der deutlich weniger Aktivität und Unternehmungslust als sonst zeigt, gibt jedoch Anlass zur Sorge. Ein Besuch beim Tierarzt ist ratsam, um eine Erkrankung ausschließen zu können.

Entspannt

VERENGTE AUGEN Das Kaninchen ist entspannt. Es hoppelt unbekümmert umher und mümmelt oder ruht in Hockstellung oder Seitenlage. Die Augen sind nur leicht geöffnet. Trotzdem behält der misstrauische Hoppler seine Umgebung im Blick und ist beim kleinsten Anzeichen von Gefahr auf und davon.

Kaninchen-Latein

Kaninchengespräche verlaufen sehr intensiv und erfordern den vollen Körpereinsatz. Mit jeder Regung, jedem Laut und jeder Duftnote werden Signale an die Artgenossen gesendet, die oftmals überlebenswichtig sind. Was die Kaninchen uns damit sagen wollen, erfahren Sie auf Seite 26–29.

Mit leisen Tönen

Zu den Plaudertaschen gehören Kaninchen nicht. Als Beutetiere bevorzugen sie eher die leisen Töne. Immer schön unauffällig bleiben, heißt ihre altbewährte Überlebensstrategie.

Konzentriert beobachtet das Kaninchen seine Umgebung. Bei Gefahr warnt es seine Artgenossen durch lautes Aufschlagen der Hinterläufe.

Fiepen Mit diesem leisen Klagelaut rufen Nestlinge nach ihrer Mama. Er signalisiert Hunger, Kälte, Angst und Einsamkeit. Ältere Tiere fiepen selten. Hier kann es ein Zeichen von Furcht, Unsicherheit und Schmerzen sein.

Brummen Dieser kehlige, tief aus der Brust kommende Laut zeigt Paarungsbereitschaft an. Ein Rammler wandelt auf Freiersfüßen und wirbt brummend um seine Auserwählte.

Knurren Nach dem Deckakt rutscht der Rammler von der Häsin und stößt dabei einen Knurrlaut aus.

Leises Fauchen So hält das verärgerte Kaninchen aufdringliche Artgenossen auf Abstand.

Lautes Fauchen/Zischen Es kündigt sich durch leises Fauchen an. Wird die Warnung ignoriert, kann ein Angriff folgen.

Grunzen Mit diesem Laut hält eine Häsin allzu aufdringliche Freier auf Abstand.

Zähnemahlen Leises, kaum hörbares Mahlen mit den Zähnen ist ein Wohlfühllaut. Das Kaninchen ist vollkommen entspannt und fühlt sich sicher.

Zähneknirschen Starkes Zähneknirschen deutet auf Schmerzen hin und geht oft einher mit Apathie, einer angespannten Körperhaltung und einem getrübten Blick.

Schreien/Quieken/Kreischen Verspürt ein Kaninchen Todesangst, wie in den Fängen eines Fressfeindes, schreit es markerschütternd. Auch bei starken Schmerzen kreischt es laut.

So schön kann ein Kaninchenleben sein. Dieses Langohr ist vollkommen relaxed und hat sogar seinen Kopf auf dem Boden abgelegt.

Ein unbekanntes Geräusch – und ruck, zuck ist der Schläfer auf den Beinen. Ein gutes Reaktionsvermögen ist für die Hoppler überlebenswichtig.

Ausdruck purer Lebensfreude

Kaninchen haben es nicht leicht, denn als Beutetiere müssen sie tagtäglich um ihr Leben bangen. Trotzdem lassen sie sich nicht unterkriegen, sondern strotzen nur so vor Lebensfreude und Energie.

Wälzen Dies ist eine deutliche Demonstration uneingeschränkten Wohlbehagens. Das Kaninchen wirft sich auf die Seite und rollt immer wieder über den Rücken hin und her. In dieser Lage präsentiert es seinen ungeschützten Bauch, ist also leicht angreifbar. Das Wälzen setzt ein absolutes Sicherheitsempfinden voraus (→ Fotos, Seite 26/27).

Luftsprünge/Haken schlagen Dieses lustige Gebaren zeugt einerseits von Lebensfreude, ist gleichzeitig aber auch eine ernste Überlebensnotwendigkeit und wird deshalb ständig trainiert. Flüchtende Kaninchen können blitzschnell im Zickzack laufen, unvermittelt Haken schlagen und sogar während eines Luftsprungs die Richtung wechseln. So gelingt es ihnen, ihre Verfolger zu verwirren und abzuschütteln.

Einfach wohlfühlen

Entspannte Seitenlage Das Kaninchen ist erschöpft und ruht sich aus. Die Vorderpfoten sind unter die Brust gezogen. Der Hinterleib liegt leicht seitlich, und die Hinterläufe sind lang ausgestreckt. Der Hoppler fühlt sich sichtlich wohl. Nicht selten streckt er auch alle viere von sich und legt den Kopf auf dem Boden oder den Vorderläufen ab.

Pfoten**alarm**

WARNUNG Wittert ein Kaninchen Gefahr, klopft es mit dem Hinterlauf auf den Boden. Die dumpfen Trommelschläge sind weit zu hören. Sie lösen auch Bodenvibrationen aus, die die Kaninchen spüren. Vermutlich nehmen sie so auch das Annähern eines Feindes wahr.

ÄRGER Manchmal ist das Trommeln nur ein Zeichen von Unmut.

Die Augen sind dabei nur leicht geöffnet oder ganz geschlossen (→ Foto links, Seite 13).

Entspanntes Hocken Diese Ruheposition wird auch Hennen- oder Bruthaltung genannt. Das Kaninchen hockt entspannt auf den Hinterläufen, mümmelt vor sich hin oder döst.

Putzen Kaninchen sind sehr reinliche Tiere und verwenden täglich zwei Stunden zur Ganzkörperpflege (→ Seite 39). Gegenseitiges Putzen dient nicht nur der Reinigung. Es ist ein beliebtes Sippenritual, das die Gruppe enger zusammenschweißt. In unüberschaubaren Situationen kann das Putzen auch eine Übersprunghandlung (Verlegenheitsgeste) sein.

Rekeln Nach der Ruhephase reckt und streckt sich das Kaninchen genüsslich und macht sich fit für die nächsten Aktivitäten. Das Rekeln wird oft von einem ausgiebigen Gähnen begleitet.

Kuscheln/Schmusen Kaninchen zeigen ein ausgeprägtes Sozialverhalten. Sie liegen gern beisammen, suchen den direkten Körperkontakt und kuscheln und schmusen. In großen Sippen zeichnen sich oft bestimmte Gruppierungen ab. Einige Kaninchen kommen besser miteinander klar als andere. Doch im Ernstfall halten alle zusammen.

»Duftige« Kontaktaufnahme

Anstupsen und Beschnuppern Zur Begrüßung berühren sich die Kaninchen behutsam an der Nase. Durch eifriges Beschnuppern erfahren sie schnell, ob ihr Gegenüber freundschaftlich gesinnt ist oder etwas im Schilde führt (→ Fotos rechts).

Umkreisen Vor dem Deckakt wird die Häsin vom Rammler umworben. Er schleicht um seine Angebetete herum und beschnuppert ihre Analregion, um festzustellen, ob sie paarungsbereit ist.

Schnuppern Duftnoten liefern den Kaninchen wichtige Informationen. Deshalb beschnüffeln sie alles ausgiebig (→ Seite 7 und 30/31).

Angst und Bange

Plötzliches Abducken Bei drohender Gefahr nimmt ein Kaninchen schnellstens Reißaus. Sind alle Fluchtwege versperrt und die Unterschlupfe unerreichbar, hilft nur die Tarnung. Es drückt sich mit dem Körper flach auf den Boden, legt die Ohren an und verharrt regungslos. So versucht der Hoppler, sich für seine Feinde unsichtbar zu machen, denn Jäger nehmen ihre Beute oft nur durch Bewegung wahr. Die sogenannte Angststarre verursacht enormen Stress und ist verbunden mit einer heftigen Atmung und weit aufgerissenen Augen, die Panik widerspiegeln (→ Seite 10/11).

Abducken Liegt keine Stresssituation vor, ist das Abducken ein Zeichen von Unterwürfigkeit. Das

Bitte putze mich: Das vordere Kaninchen schiebt seinen Kopf unter das Kinn des Artgenossen.

Kaninchen erkennt den Artgenossen als höhergestelltes Sippenmitglied an und zieht demonstrativ den Kopf ein.

Auf Krawall gebürstet

Kaninchen sind friedfertige Gesellen und zeigen sich nur selten aggressiv. Kratz- und Beißattacken untereinander sehen oft schlimmer aus, als sie sind. Rangordnungsstreitigkeiten und Revierkämpfe (→ Seite 17) gehören zum Alltag der Kaninchen.

Machtwechsel Das stärkste Kaninchen wird zum Familienoberhaupt gekrönt. Doch es muss seine Stellung innerhalb der Gruppe ständig gegen mutige Herausforderer verteidigen. Unterliegt irgendwann der amtierende Chef, wird er ganz unbürokratisch des Amtes enthoben.

1 KONTAKTAUFNAHME Treffen zwei Kaninchen einer Sippe aufeinander, begrüßen sie sich durch sanftes Anstupsen mit der Nase. Dabei nehmen sie zugleich den individuellen Geruch des anderen auf, der wie ein Personalausweis alle wichtigen Lebensdaten des Artgenossen verrät. So wird jedem Hoppler schnell klar, wer hier das Sagen hat und wer sich unterordnen muss.

2 UNTERWERFUNG Das rangniedere Tier nimmt eine geduckte Haltung ein und senkt den Kopf. Die Ohren bleiben dabei aufgestellt. Damit signalisiert es, dass es sich bedingungslos unterwirft und nicht an einer Konfrontation interessiert ist. Möchte es zudem beim Boss »gut Wetter« machen, schiebt es seinen Kopf nahe an ihn heran, bleibt aber weiterhin in geduckter Stellung.

3 CHEFSACHE Das höhergestellte Kaninchen beschnüffelt nun den Untertan von der Ohrspitze bis zum Schwänzchen und entscheidet dann über den weiteren »Gesprächsverlauf«. Je nach Situation vollführt es ein ausgedehntes Werberitual, startet eine Putzaktion, bläst trotz Unterwerfungsgeste zum Angriff oder hoppelt davon und erfreut sich an den Vergünstigungen seines Rangs.

Übungsstunde Kaninchen erlernen von klein auf die Gepflogenheiten der Hierarchie. Dazu gehört auch regelmäßiges Training und Kräftemessen. **Platzfindung** Jungtiere müssen sich ihren Platz in der Hierarchie erst hart erkämpfen.

Abwehrhaltung

Kurzes Kopfschütteln Dies ist ein deutliches Zeichen von Unmut. Das Kaninchen hat genug von den Freundschaftsbekundungen seines Kumpels.

Heftiges Wegstupsen Anfangs wird oft nur der Kopf weggedreht. Ignoriert der Artgenosse den dezenten Hinweis und nervt weiter, wird er energisch weggestupst. Sosehr die Kaninchen die Gesellschaft ihrer Familie mögen, ab und zu genehmigen sie sich auch gern eine Auszeit.

Zwicken Das Kaninchen ist ziemlich genervt und will seine Ruhe. Wenn fauchen nicht hilft, wird gezwickt. Wer nicht hören will, muss eben fühlen.

Angespannte Haltung Das Kaninchen steht in Verteidigungsstellung, das heißt, Vorderkörper und Kopf sind vorgestreckt, das Hinterteil ist leicht angehoben, das Schwänzchen eng an den Körper angelegt. Ist Gefahr im Verzug, wenn sich ein fremdes Kaninchen nähert oder ein Kumpel auf Zoff aus ist, reagiert das Kaninchen sofort. Es legt die Ohren eng an den Körper und faucht, um den Kontrahenten einzuschüchtern. Ein Angriff kann folgen.

Spielerischer Rivalitätskampf. Die jungen Kaninchen jagen sich gegenseitig, vervollkommnen dabei ihre Sprungkünste und trainieren für den Ernstfall.

Anspringen Beim Gerangel um die besten Plätze in der Hierarchie geht es manchmal heiß her. Die Kaninchen springen sich an und verbeißen sich im Fell des Rivalen, sodass die Fetzen fliegen. Doch ernste Verletzungen gibt es nur sehr selten, und kein Kaninchen ist wirklich nachtragend.

Männchen machen

Wachposten Damit der Rest der Sippe geruhsam futtern und dösen kann, schieben die Kaninchen abwechselnd Wachdienst. Für einen guten Überblick sucht sich der Posten einen hohen Aussichtsplatz oder macht Männchen.

Luftraumcheck Die erhöhte Position verschafft nicht nur eine bessere Sicht, sie ist auch sehr hilfreich bei der Überprüfung der höheren Luftschichten auf fremde Gerüche und Geräusche. Dadurch werden drohende Gefahren schneller erkannt (→ Seite 6).

Erhöhtes Futterbuffet Auch höher hängendes Futter, zum Beispiel leckere Blätter und Blüten, verlangt das geschickte Balancieren auf den Hinterbeinen. Hier sind Recken und Strecken angesagt.

Scharren und Kratzen

Wenn Kaninchen ungeduldig auf dem Boden scharren und kratzen, ist das ein Zeichen von Aufregung und Unruhe. Die Ursachen dafür sind vielfältig.

Hormonschub Brünstige Häsinnen scharren oft ganz aufgeregt auf dem Boden. Trächtige Kaninchen zeigen dieses Verhalten kurz vor dem Geburtstermin.

Konkurrenzdenken Rammler kratzen unruhig auf dem Boden, wenn sich ein Rivale nähert. Dazu braucht es keinen Blickkontakt, es reicht schon die fremde Duftnote. Das Scharren soll Kraft und Überlegenheit demonstrieren.

Neumarkierung Dominante Kaninchen scharren im Revier, um den Duft von Vorgängern zu »verwehen«. Danach setzen sie ihre eigene Duftnote auf.

Buddelersatz In Ermangelung einer geeigneten Buddelmöglichkeit lebt das Kaninchen auf diese Weise seinen Grabeinstinkt aus.

Hier hat ein Artgenosse sein Revier markiert, doch der freche Hoppler scharrt die fremde Duftnote einfach unter.

Kaninchens größte Leidenschaften

Das Kaninchendasein ist von typischen Verhaltensweisen geprägt, die das Leben der flinken Hoppler bestimmen und bereichern. Sie tragen zum Wohlbefinden der Langohren bei und dürfen auch in der Heimtierhaltung keinesfalls unterdrückt werden.

Leben in der Gruppe

Auch wenn es in der Sippe ab und zu mal Zoff gibt, möchte kein Kaninchen die Gesellschaft seiner Artgenossen missen. Als wehrloses Beutetier ist es auf die Stärke der Gruppe angewiesen. Hier findet es die nötige Sicherheit, kann seine Ängste teilen und bei einem Plausch Sorgen und Stress abbauen. In Gesellschaft macht das Herumtoben doppelt so viel Spaß, und die Kaninchen zeigen sich deutlich aktiver. Allein gehaltene Hoppler vereinsamen, verlieren ihre Lebenslust und sind krankheitsanfälliger. Auch wenn sich der Mensch noch so bemüht, den fehlenden Artgenossen kann er nicht ersetzen.

Gesundes Nagematerial hält die nachwachsenden Schneidezähne in Form. Die Inhaltsstoffe der Rinde wirken wie Zahnpasta.

Kurzstreckensprinter

Kaninchen sind fantastische Läufer und erreichen Geschwindigkeiten von fast 40 Stundenkilometern. Auch ihre Sprungkünste sind beachtlich. Ein gesundes Kaninchen springt aus dem Stand über einen Meter hoch. Dank des riesigen Bewegungsareals konnte unsere Langohrtruppe ihre sportlichen Talente noch ausbauen. Spitzenreiter ist unser Flop, der jeden Zaun im Sturm bezwingt.

Aktion Tunnelbau

Aus Sicherheitsgründen wohnen Kaninchen unterirdisch. Dazu legen sie weit verzweigte Tunnelsysteme an, die keinen Zweifel an ihren außergewöhnlichen architektonischen Fähigkeiten lassen.
Die Gänge verlaufen bis in drei Meter Tiefe und können eine Gesamtlänge von 45 Metern umfassen. Allein in einer Nacht schachten die eifrigen Buddler Gänge von bis zu 1,80 Meter Länge aus. Die Höhlenanlage gleicht einem Labyrinth, sodass eindringende Feinde schnell verwirrt sind und

1 OPERATION TIEFBAU Kaninchen sind Tunnelbaumeister. Mit den Vorderpfoten wird eifrig gegraben, die Hinterläufe schieben den Erdaushub weiter.

2 VERDIENTE RUHEPAUSE Nach der anstrengenden Buddelaktion gönnt sich der Hoppler eine Verschnaufpause. Nun ist Putzen angesagt, denn Arbeit hinterlässt Spuren.

3 AUF DER FLUCHT Das Kaninchen wurde aufgeschreckt. Mit einem kunstvollen Sprung rettet es sich in den sicheren Tunnelbau.

problemlos abgehängt werden. Notfalls entwischt das Kaninchen durch einen der vielen Notausgänge. Diese sogenannten Sprungröhren verlaufen senkrecht nach oben, sind nur mit einer dünnen Erdschicht getarnt und können also auf der Flucht leicht durchstoßen werden.
Die Leidenschaft zum Graben und Wühlen ist den Kaninchen in die Wiege gelegt und spiegelt sich auch in ihrem Namen wider. Die Bezeichnung »Kaninchen« leitet sich vom lateinischen Wort »cuniculus« ab, was übersetzt so viel wie »Höhle« oder »unterirdischer Gang« bedeutet.

Auf Tauchstation

Kurze Strecken meistern die flinken Hoppler mit Bravour, doch über lange Distanzen geht ihnen rasch die Puste aus. Deshalb halten sie sich immer in der Nähe ihres Baus auf. Bei Gefahr sprinten sie zum nächstgelegenen Höhleneingang und sind plötzlich von der Bildfläche ihres Verfolgers verschwunden. Manchmal nutzen sie auch eine Sprungröhre für den schnellen Tauchgang. Die Wohnanlagen der Kaninchen erstrecken sich bis zu 100 m² und verfügen über eine Vielzahl von Zugängen. Hier fühlen sich die Hoppler sicher und können unbesorgt schlafen und relaxen. Auch unsere Hauskaninchen brauchen deshalb immer einen Unterschlupf in Reichweite.

Meister im Nagen

Auch wenn Kaninchen nicht zu den Nagetieren, sondern zur Familie der Hasenartigen gehören, zählt das Nagen zu ihren Lieblingsbeschäftigungen. Sie besitzen wurzeloffene Zähne, das heißt, diese wachsen ein Leben lang. Das hat die Natur prima eingerichtet, denn durch das Benagen von Hölzern nutzen sich die Beißerchen schnell ab. Auch in der Heimtierhaltung ist ein kontinuierlicher Zahnabrieb nötig, da es sonst zu schmerzhaften Zahnerkrankungen kommt. Geeignetes Nagematerial (→ Seite 35) darf deshalb nie fehlen.

Mümmeleien

Der Kaninchenmagen besitzt kaum Muskeln, die aufgenommene Nahrung kann also nicht aktiv weitertransportiert werden. Damit unten etwas herauskommt, muss von oben Futter ständig nachgeschoben werden. Aufgrund dieses sogenannten Stopfmagens sind die Kaninchen fast rund um die Uhr am Futtern. Bis zu 80 Mahlzeiten am Tag halten die komplizierte Verdauungsmaschinerie in Gang. Fasten kann für die Tiere tödlich enden. Das Grundnahrungsmittel der Kaninchen sind Gräser und Kräuter, in der Heimtierhaltung greift man der Einfachheit halber gern auf die getrocknete Variante zurück. Die rohfaserreiche Kost ist nicht nur gut für die Verdauung, sie sorgt auch für den wichtigen Backenzahnabrieb und bewahrt den Langohren eine schlanke Taille.

Informationen über die Nase

Gerüche geben nicht nur Auskunft über die Artgenossen (→ Seite 8), mit ihnen lassen sich auch Besitzansprüche klären und Grenzen aufzeigen.

› Das Urinspritzen setzen vorwiegend Rammler zur Reviermarkierung ein. Ab und zu bekommt ein Untertan eine volle Breitseite, um ihn an seine Stellung zu erinnern. Auch dominante Häsinnen bedienen sich dieser Form des Markierens.

› Mit dem Auslegen von Kotkugeln stecken Kaninchen ihr Territorium ab. Diese speziellen Kügelchen sind mit dem Sekret der Analdrüsen überzogen und tragen so die individuelle Geruchsnote des

Neugierig beschnuppert der Rammler die Häsin. Er ist auf Brautschau, und die Duftnote verrät ihm, ob sie paarungsbereit ist. Hat er Glück, folgt auf eine ausgedehnte Werbezeremonie der Deckakt.

jeweiligen Kaninchens. Die Botschaft ist eindeutig: Das gehört alles mir! Wehe, wenn ein aufmüpfiges Langohr es wagt, klammheimlich die Grenzen zu seinen Gunsten zu verschieben (→ Seite 30/31).

› Durch das sogenannte Kinnreiben, bei dem das Kaninchen mehrmals mit dem Kinn über einen Gegenstand streift, wird ein Duftstoff abgegeben, der das Objekt der Begierde als Alleinbesitz ausweist. Die Kumpel sollten besser die Pfoten davon lassen. Nicht selten rubbeln die Hoppler ihr Kinn auch am Hosenbein ihres Menschen. Je höher die Rangstellung eines Kaninchens, umso häufiger markiert es. Unser Buri ist ein richtiges Rubbel-Monster. Selbst vor unseren Gästen macht der kleine Macho nicht halt. Zum Glück ist das abgegebene Drüsensekret für uns Menschen geruchlos.

Chefsache

Das Rammeln dient nicht allein der Fortpflanzung, sondern auch der Rangordnungsfindung und -erhaltung. Deshalb kann man dieses Verhalten auch bei Jungtieren und Häsinnen beobachten. Die Kaninchen messen ihre Kräfte, um die stärksten und fähigsten unter ihnen zu ermitteln, die dann die einzelnen Gruppen anführen oder von denen einer zum Oberboss gekrönt wird. Dabei sind die sonst so friedlichen Tiere nicht zimperlich, sondern legen sich voll ins Zeug. Ernstlich verletzt wird jedoch kein Kontrahent, denn die Rangkämpfe laufen nach genauen Regeln ab. Ist die Platzfrage geklärt, kehrt schnell wieder Harmonie ein.

Vorteile der Chefposition Man darf die sichersten Futter- und Ruheplätze sein Eigen nennen und sich bei der Paarung ungeniert vordrängeln und die beste Häsin für sich beanspruchen. Das Amt bringt aber auch Pflichten mit sich, vorwiegend in der Verteidigung der Reviergrenzen.

Durch die »Blume« sprechen

TIPPS VON DER KANINCHEN-EXPERTIN
Esther Schmidt

Das Schwänzchen des Kaninchens, die sogenannte Blume, verrät einiges über die Gemütsverfassung Ihres Hopplers.

ANGELEGTE BLUME Der Hoppler befindet sich in Alarmbereitschaft oder Angriffslaune. Er legt seine Blume eng an den Körper und demonstriert damit Dominanz. Hier ist Abstandhalten angeraten, denn das Kaninchen ist nicht zu Späßen aufgelegt. Auch beim Markieren mittels Urinspritzen wird die Blume kurzzeitig angelegt.

LOCKER GETRAGENE BLUME Das Kaninchen ist entspannt und verspürt keine Angst. Neugierig und selbstsicher erkundet es die Umgebung.

WEDELNDE BLUME Das Kaninchen ist aufgeregt, aber im positiven Sinne. Vielleicht freut es sich über Ihre Aufmerksamkeit oder schnuppert neugierig an seiner neuesten Entdeckung. Dabei wackelt seine Blume ungeduldig hin und her.

ABGELEGTE BLUME Das Kaninchen ist vollkommen entspannt, liegt bequem auf der Seite und hat die Blume auf dem Boden abgelegt.

Kaninchenrassen im Porträt

Jahrelange Züchtungen haben es ermöglicht: Die einst unauffälligen Kaninchen präsentieren sich heute in einem völlig neuen Look. Die Vielfalt bezüglich Größe, Gewicht, Fellfarbe, -länge und -struktur ist enorm.

FARBENZWERG PERLFEH Unverkennbar an ihrer Größe und den kurzen Öhrchen sind die in zahlreichen Farbschlägen vertretenen Zwergrassen.

SACHSENGOLD Ein sattorangerot gefärbtes Kaninchen mit gedrungenem Körperbau und mittellangem Fell. Mit einem Normalgewicht von 2,75 kg gehört es zur kleinen Normalhaarrasse und zeigt sich sehr robust, frohwüchsig und fruchtbar.

HASENKANINCHEN Die Ähnlichkeit mit dem Feldhasen ist offensichtlich. Das Hasenkaninchen gehört zur mittelgroßen Normalhaarrasse und zeichnet sich durch eine extrem schlanke, schnittige Körperform aus.

BURGUNDER Das gelbwildfarbige Kaninchen gehört zur mittelgroßen Normalhaarrasse und zeichnet sich durch seine schlanke Form aus.

DEUTSCHER RIESE Dieser schwergewichtige Vertreter der großen Normalhaarrasse bringt bei einer Gesamtlänge von 72 cm stolze 7 kg und mehr auf die Waage.

ANGORA Das Kaninchen bezaubert durch seine außergewöhnliche Haarpracht. Als Vertreter der mittelgroßen Langhaarrasse braucht es regelmäßige Schur.

ZWERGWIDDER Typisch für diese Zwergrasse sind die langen Hängeohren (Behang). Mit einem Normalgewicht von 1,5 bis 1,9 kg sind sie die Riesen unter den Zwergen.

CASTOR REX Das Markenzeichen dieser Kurzhaarrasse ist ihr kurzes, samtig wirkendes Fell, durch das die Körperkonturen des schlanken Kaninchens scharf in Erscheinung treten.

So spricht das Kaninchen

Kaninchen haben sich sehr viel zu sagen. Doch ihre Unterhaltungen verlaufen dezent und leise, um wenig Aufsehen zu erregen. Deshalb müssen wir aufmerksam beobachten, damit uns keine wichtigen »Vokabeln« der Kaninchensprache entgehen.

Wortlose Kommunikation

Die Verständigung unter den Kaninchen funktioniert reibungslos. Oft genügt eine kaum merkbare Regung – ein Stups mit dem Näschen, ein dezenter Hinweis mit dem Schwänzchen, ein fast unsichtbares Ohrenspiel. Oder eine zarte Duftnote streift plötzlich die feinen Näschen der Kumpel und übermittelt alle wesentlichen Informationen. Das kann eine unmissverständliche Drohung, eine nette Freundschaftsbekundung, eine liebevolle Werbegeste, eine Einladung zum gemeinsamen Mümmeln, aber auch die dringliche Warnung vor einem Fressfeind sein. Für die Kaninchen ist ein leiser und schneller Kommunikationsfluss überlebenswichtig. Je unauffälliger ihre »Gespräche« verlaufen, desto größer ist die Chance, unentdeckt zu bleiben. Als Beutetiere schweben die Fellnasen in ständiger Gefahr, denn der Feind lauert überall und hat seine Horcher auf Dauerempfang.

Beobachten und lernen

Kaninchen legen eine Lebensfreude an den Tag, die ihresgleichen sucht. In sicheren Momenten sprühen sie förmlich vor Energie und Aktionslust. Doch um sich langfristig an ihrem munteren Treiben erfreuen zu können, müssen wir die Kaninchen verstehen lernen. Denn auch wenn sie ziemlich gelehrig und clever sind – von den Vorteilen unserer Sprache werden wir sie wohl kaum überzeugen können. Warum auch? In ihrer Welt finden sie sich bestens zurecht. Es liegt also an uns, ihre besonderen Ansprüche, Bedürfnisse und Vorlieben zu erkennen und ihnen gerecht zu werden.

Kaninchen verstehen heißt: genau hinhören, genau hinschauen, richtig deuten und entsprechend reagieren. Beobachten Sie Ihre Schützlinge und lernen Sie Kaninisch, dann steht einem harmonischen Zusammenleben nichts mehr im Wege.

Wie Sie die Signale richtig deuten

Die Kommunikation der Kaninchen untereinander verrät auch dem Menschen viel über die Bedürfnisse und die Gefühlslage seiner Schützlinge. Deshalb müssen wir sowohl Laut- und Körpersprache (→ Seite 12–17) als auch typische Verhaltensweisen (→ Seite 18–21) genau unter die Lupe nehmen und die für die Heimtierhaltung relevanten Aspekte herausfiltern.

Das »sage« ich dir damit

Fiepen von Nestjungen Wir rufen nach unserer Mutter, die uns gut versorgt. Du darfst täglich einen Blick in unser Nest werfen, aber mische dich bitte nicht ein. Nur wenn wir nach der Fütterung keine dicken Bäuchlein vorweisen, musst du dir Sorgen machen und notfalls eingreifen.

Fiepen eines älteren Tieres Ich bin unsicher, habe Angst und fühle mich verlassen. Ich vermisse den Kontakt zu meinen Artgenossen, da nützt auch die beste menschliche Pflege nichts. Manchmal fiepe ich auch bei Schmerzen.

Brummen Ich bin in Paarungslaune, es ist also die beste Zeit für die Nachwuchsplanung. Denke aber daran, dass meine Kleinen schnell groß werden und auch ein schönes Zuhause brauchen.

Leises Fauchen Lass mich in Ruhe. Ich habe miese Laune und möchte allein sein.

Lautes Fauchen/Zischen/Knurren Vorsicht! Wenn du mich weiter bedrängst, fahre ich ganz schnell die Krallen aus. Reize mich also nicht, oder du riskierst einen Angriff!

Leises Zähnemahlen/Zähneknirschen Ich fühle mich prima und bin total entspannt. Streichle mich nur weiter. Ich mag das.

Starkes Zähneknirschen Ich habe starke Schmerzen. Bring mich rasch zu einem Tierarzt, der sich mit Kaninchenerkrankungen auskennt.

Klopfen/Trommeln Ich wittere Gefahr und schlage deshalb die Buschtrommel. Vielleicht bin ich auch in Brunftstimmung oder lasse nur Dampf ab.

Schreien/Quieken/Kreischen Ich habe Todes-

Dieses Verhalten ist ein Kompliment an den Halter. Das Kaninchen fühlt sich pudelwohl und wälzt sich genüsslich auf dem Boden.

Beim Wälzen wird die erstaunliche Beweglichkeit der Kaninchen offensichtlich. Sie zeigen dabei die skurrilsten Verrenkungen.

Das Wohlfühlgebaren kann einige Minuten andauern. Manchmal springt das Kaninchen zwischendurch auf, um sich kurz darauf wieder lustvoll hinzuwerfen.

angst. Vielleicht ist gerade Nachbars Hund oder Katze hinter mir her und kein Versteck in Sicht. Manchmal quieke ich auch vor Schreck oder Schmerzen, wenn mich jemand plötzlich von oben packt, falsch anfasst und hält oder ich krank bin.

»Ich fühle mich pudelwohl«

Artgerecht gehaltene Kaninchen sind glückliche Kaninchen und lassen uns gern an ihrer Lebensfreude teilhaben. Wenn sie voller Übermut durch ihr Gehege toben und witzige Kapriolen schlagen, sind Pflegeaufwand und Mühe schnell vergessen.

Wälzen Ich habe meine »tollen fünf Minuten«. Das Leben ist so schön, und ich fühle mich absolut sicher und geborgen (→ Fotos dieser Doppelseite).

Luftsprünge/Haken schlagen Ich sprudle über vor Lebensenergie. Danke, dass du mich so gut versorgst und mir genügend Platz zum Toben, Springen und Rennen einräumst.

Kuscheln/Putzen Wir haben dich in unsere Sippe aufgenommen. Deshalb darfst du mit uns kuscheln und an unseren Putzritualen teilnehmen. Aber nur, wenn wir gerade Lust dazu haben (→ Seite 52).

Entspannte Seitenlage und Hocke Ich halte jetzt Siesta und möchte nicht gestört werden. Auch wenn meine gemütliche Lage geradezu zum Fellkraulen einlädt – lass es bitte!

Rekeln/Gähnen Ich habe gerade erst ausgeschlafen und bin noch nicht in Spiellaune.

Coole **Löffel**

Kaninchenohren sorgen nicht nur für ein fantastisches Gehör, sie glänzen auch mit einer coolen Zusatzfunktion. Da die Kaninchen mit sehr wenigen Schweißdrüsen ausgestattet sind, setzen sie ihre langen Löffel zur Regulierung ihrer Körpertemperatur ein. Aufgrund ihrer starken Durchblutung eignen sich die Ohren prima dazu, überschüssige Wärme abzugeben.

»Ich habe Angst«

Plötzliches Abducken Ich habe mich fürchterlich erschreckt! Aus Mangel an Fluchtwegen mache ich mich ganz klein und hoffe, dass mich keiner sieht. Ist die Angst sehr groß, erstarre ich zur Salzsäule. Versuche nicht, mich zu trösten, sonst schrecke ich in Panik auf und verletze mich bei der Flucht. Warte einfach ab, bis ich mich beruhigt habe. Vielleicht kannst du den Auslöser für mein Erschrecken finden und abstellen.

Abducken Du bist mein Herr und Gebieter. Ich akzeptiere dich als Ranghöheren und unterwerfe mich. Morgen kann alles schon anders aussehen.

Eindeutige Warnsignale

Kurzes Kopfschütteln Ich habe jetzt keine Lust mehr auf deine Gesellschaft und möchte mich lieber zurückziehen. Achtung: Häufiges Kopfschütteln kann auch auf eine Ohrenerkrankung hinweisen (→ SOS, Klappe hinten).

Heftiges Wegstupsen der Hand Fass mich nicht an! Ich mag nicht mehr! Halte bitte Abstand!

Angespannte Haltung Ich bin wirklich genervt. Bedränge mich nicht weiter, sonst vergesse ich meine guten Manieren und kratze und beiße dich.

Zwicken Das ist die letzte Warnung. Ich kann auch richtig böse werden.

Anspringen Keine Angst. Das mache ich nur, wenn du mich auf Dauer nicht gut behandelst oder ständig reizt und ärgerst.

Kaninchen lieben erhöhte Aussichtsplätze und scheuen dafür auch keine Kletterpartie.

So aktiv und bewegungsfreudig Kaninchen sind, sie genießen auch ihre Ruhepausen.

Unruhiges Scharren

Hormonschub Ich bin in Paarungsstimmung und scharre deshalb ganz aufgeregt in der Einstreu. Bei geplantem Nachwuchs ist die Zeit jetzt perfekt.
Konkurrenzdenken Ich wittere einen Rivalen. Doch lass ihn nur kommen. Ich zeig ihm schon, wer hier der Boss ist.
Neumarkierung Wer hat denn hier seine Duftmarke hinterlassen? Die scharre ich schnell unter und setze einfach meine obendrauf.
Empörung Warum streichelst du mich nicht weiter? Ich will mehr. Nicht aufhören!
Ungeduld Wann kommst du denn endlich? Es ist längst Zeit für meinen Freigang. Du könntest ruhig auch einmal wieder mit mir spielen und toben.

Identität und Besitz klären

Beschnuppern Weise dich aus! Bist du Freund oder Feind, Chef oder Untertan?
Kinnreiben Das gehört mir! Und damit das auch jeder kapiert und sich kein Fremder daran vergreift, hinterlasse ich meine duftende Visitenkarte.
Urinspritzen Warum rümpfst du die Nase? Ab und zu muss man die Grenzen erneuern und seine Untertanen daran erinnern, wer hier das Sagen hat.
Kotkugeln auslegen Reg dich nicht auf! Wenn ein neuer Mitbewohner einzieht oder wir ein neues Gehege beziehen, muss ich meinen Besitz neu abstecken (→ Seite 30). Komm klar damit!

Grundbedürfnisse ausleben

Graben/Wühlen Es liegt mir einfach im Blut. Auch wenn du ein tolles Haus für mich hast und ich eigentlich keine Höhle mehr graben muss, möchte ich buddeln und wühlen. Am liebsten draußen in der Erde, aber in der Wohnung bin ich auch mit einer großen Buddelkiste zufrieden.

Aus einem Unterschlupf heraus peilen die beiden Kaninchen die Lage. Erst wenn alles sicher erscheint, verlassen sie ihr Versteck.

Nagen Ich knabbere für mein Leben gern. Gib mir reichlich gesundes Nagematerial zu futtern, dann bleiben mir Zahnschmerzen erspart und ich muss mich auch nicht am Inventar vergreifen.
Orientieren Als Beutetier muss ich auf alles ein Auge haben. Erhöhte Aussichtsplätze sind ideal. Von dort habe ich die Umgebung gut im Blick und bemerke Feinde sofort. Und ich bin der Erste am Futternapf, wenn du leckeren Nachschub bringst.
Rennen Auch wenn du mich vor Fressfeinden beschützt, gehören Rennen und Springen zu meinem Leben. Gib mir also viel Platz zum Toben, dann bleibe ich auch lange gesund und munter.
Verstecken Ich kann enorm schnell flitzen, aber mit der Ausdauer hapert es. Deshalb bewege ich mich immer in der Nähe von Unterschlupfen, in denen ich bei Gefahr schnell abtauchen kann. Mit vielen Verstecken fühle ich mich viel sicherer, bewege mich ungezwungener und zeige mich öfter.

Die Sprache der Düfte

Bei den Kaninchen findet ein Großteil der Kommunikation über Gerüche statt. Auch zwischen Kaninchen und Mensch spielen Duftbotschaften eine besondere Rolle. Missverständnisse sind nicht ausgeschlossen, denn mit dem feinen Näschen der Mümmelmänner können wir nicht im Mindesten mithalten. Ihre geheimnisvolle Welt der Düfte bleibt uns wohl für immer verschlossen.

Das ist meins!

Ihre wohlerzogenen Kaninchen benehmen sich plötzlich höchst unartig. Da findet sich ein Urinpfützchen, wo es definitiv nicht hingehört. Oder Ihre Zöglinge verteilen eifrig Kotpillen in der Wohnung. Kaum ist das Malheur beseitigt, findet sich ein neues Übel.

Mit der Unterseite des Kinns reibt das Kaninchen mehrmals über die Baumrinde und markiert so seinen Besitz.

Schimpfen Sie keinesfalls mit den vermeintlichen Missetätern, denn ein solches Verhalten hat immer einen guten Grund: Die Besitzansprüche sind gefährdet und müssen verteidigt oder neu geklärt werden! Die Auslöser hierfür sind vielfältig. Vielleicht ist ein neuer Mitbewohner eingezogen, dem klargemacht werden muss, wer hier die älteren Rechte besitzt. Oder ein Jungtier ist alt genug, um seinen festen Platz in der Gruppe einzunehmen, und will ihn nun per Duftnote »beurkunden«. Auch ein Umzug, Renovierungsarbeiten, Umstrukturierungen im Gehege, neues Inventar oder andere Geruchsexplosionen können eine Neuabsteckung des Reviers erforderlich machen. Hinzu kommen eifrige Markierarbeiten mittels Kinnreiben (→ Foto links und Seite 21). Zeigen Sie sich tolerant und üben Sie sich in Geduld. Sind die Fronten geklärt und die Duftgrenzen neu gezogen, zieht schnell wieder Ruhe und Ordnung ein.

Vorsicht, Duftfalle!

Zeig mir, wie du riechst, dann weiß ich, wer du bist! Doch was passiert, wenn fremde Gerüche die wohlbekannten Düfte überlagern?

Wenn Ihnen die Hoppler plötzlich die Freundschaft kündigen, liegt es vielleicht daran, dass sie Sie einfach nicht mehr riechen können. Benutzen Sie neuerdings eine stark duftende Seife, ein neues Parfüm oder Deospray? Was Ihrer Nase schmeichelt, wird von den Kaninchen nicht selten als Geruchsbelästigung empfunden. Zudem stören solche fremden Düfte die Kommunikation, denn die Kaninchen erkennen ihren Menschen unter anderem an seiner unverwechselbaren Eigenduftnote.

Schnupperkontrolle: Das Kaninchen beschnuppert intensiv die Hand seines Menschen. Durch dessen individuelle Duftnote wird er rasch als Freund identifiziert, von dem keine Gefahr ausgeht. Fremde Gerüche können die Kontaktaufnahme stören und den Mümmelmann verwirren.

Dufterlebnisse anbieten

Fremde Gerüche wirken manchmal verwirrend, sorgen aber auch für Abwechslung im Kaninchenalltag und regen die Sinne der Tiere an. Insbesondere bei Innenhaltung sollten Sie Ihren Fellnasen ab und zu ein aufregendes Dufterlebnis gönnen. Bringen Sie ein Stück Natur ins Haus, wie eine kleine Wiese im Blumentopf, Moos- und Rindenteile oder wohlriechende Gräser und Kräuter. Von diesen angenehmen Düften können sie nicht genug bekommen.

Begrenzte **Duftspeicher**

Wissenschaftliche Studien belegen, dass die Duftspeicher der Kaninchen nicht unerschöpflich sind. Ihr Gehirn registriert nur eine begrenzte Anzahl an Gerüchen. Deshalb wird ein länger abwesendes Kaninchen von den Kumpeln oft nicht wiedererkannt, sondern muss sich von Neuem eingliedern.

Ausdrucksvolles Ohrenspiel

An der Position der Ohren in Verbindung zur Körperhaltung kann man gut das Befinden und die aktuelle Stimmung seines Hopplers ablesen. Widder zeigen aufgrund ihrer großen Schlappohren oft nur ein eingeschränktes Ohrenspiel.

1 Aufmerksam

Der Hoppler sitzt mit erhobenem Kopf auf den Hinterläufen oder macht Männchen. Seine Ohren sind kerzengerade aufgerichtet und bewegen sich lebhaft hin und her:
Ein unbekanntes Geräusch hat den Mümmler aufgeschreckt. Er hat sich aufgerichtet, um auch die oberen Luftschichten zu kontrollieren. Die Ohrmuscheln drehen sich unabhängig voneinander in verschiedene Richtungen. So kann die Geräuschquelle rasch geortet und die Lage eingeschätzt werden.

2 Neugierig

Die Ohren des Kaninchens zeigen nach vorne, und auch beide Ohrmuscheln sind nach vorne ausgerichtet. Der Körper ist leicht angespannt:
Das Kaninchen hat ein Geräusch wahrgenommen, empfindet es aber nicht als direkte Bedrohung. Trotzdem hat es lieber »ein Ohr drauf«.

3 Verärgert

Das Kaninchen steht »hochbeinig«, der Körper ist nach vorn geschoben, die Ohren sind aufgerichtet:
Die angespannte Haltung des Kaninchens verheißt nichts Gutes. Es ist ziemlich verärgert und befindet sich auf Konfrontationskurs. Wahren Sie Abstand. Wenn der Hoppler auch noch die Ohren anlegt, kann ein Angriff erfolgen.

4 Ängstlich

Das Kaninchen hat die Ohren fest angelegt und presst seinen Körper an den Boden:
Diese Haltung ist ein deutliches Zeichen von großer Angst. Das Kaninchen sieht keine Fluchtmöglichkeit und verfällt in eine Angststarre. Lassen Sie das verstörte Tier in Ruhe. Versuchen Sie keinesfalls, es auf den Arm zu nehmen oder zu streicheln. Das verschlimmert den Zustand und kann ernste Folgen haben (→ Seite 28). Die Starre löst sich nach einiger Zeit von selbst.

5 Entspannt

Das Kaninchen befindet sich in entspannter Hockstellung oder Seitenlage. Die Ohren sind aufgestellt, auf »Halbmast« oder an den Körper gelegt:
Der Mümmelmann ist vollkommen entspannt und fühlt sich sicher. Die empfangenen Geräusche sind bekannt und beunruhigen ihn nicht. Trotzdem schalten die Löffel niemals ab. Bei Alarm sind sie ruck, zuck oben und das Kaninchen blitzschnell auf den Beinen. Sind beide Ohren aufgerichtet und berühren oder überkreuzen sich gar, zeugt das von tiefstem Wohlbehagen.

6 Unentschlossen

Ein Löffel zeigt voller Tatendrang nach vorn, der andere hält sich ängstlich im Hintergrund. Der Körper des Kaninchens ist erwartungsvoll angespannt:
Soll ich oder soll ich nicht? Das Kaninchen ist unentschlossen und kann sich nicht zwischen Neugier und Vorsicht entscheiden. Das spiegeln auch seine Ohren wider. Überwiegt schließlich die Neugier, zeigen beide Löffel nach vorne.

1

2

3

4

5

6

Typisch Stubenkaninchen

Auch wenn Kaninchen dauerhaft in der Wohnung gehalten werden – ihre Instinkte verschwinden nicht einfach, die Hoppler suchen sich nur andere Wege, um sie auszuleben. Dabei zeigen sie sich oft recht vorwitzig und kreativ.

Wilde Kratzorgien

Kratzspuren an Tapeten, Möbeln und auf Fußböden bleiben bei der Kaninchenhaltung nicht aus. Die nachwachsenden Krallen bedürfen der regelmäßigen Abnutzung, und dafür sorgen die Mümmler am liebsten selbst. Zudem ist das Scharren, Buddeln und Wühlen eine Leidenschaft von ihnen, auf die sie nicht verzichten mögen (→ Seite 18). Entweder freunden Sie sich mit den originellen Wand- und Bodenmalereien an, oder Sie sichern konsequent alles ab. Wer tierische Untermieter beherbergt, muss kompromissbereit sein.

Tipp Eine Kratzwelle aus dem Katzensortiment (→ Foto rechts) sorgt wie Steinmatten oder Fliesen gut für eine perfekte Pediküre. So bleibt Ihr Inventar vielleicht verschont. In einer Buddelkiste können die Kaninchen ihre Wühlambitionen ausleben und lassen Teppiche und Pflanztöpfe in Ruhe.

Eigenwillige Wohnideen

Kaninchen sind hervorragende Innenarchitekten und zeigen gern ihr Talent. Unermüdlich werden Gehege und Freilauf umdekoriert. Mit dem Näschen stupsen sie die Näpfe umher, gezielte Pfotenschläge bringen die Kuschelecken in Form, und selbst ganze Häuschen und Unterschlupfe werden mühevoll umplatziert. Der Mensch ist nicht immer glücklich über die kreativen Wohnideen seiner kleinen Einrichtungsstars. Doch schließlich leben hier die Kaninchen und wissen selbst am besten, was praktisch und angesagt ist.

Tipp Sparen Sie sich die Mühe, alles wieder an seinen ursprünglichen Platz zu befördern. Aus

Interessante Beschäftigungsangebote, wie diesen Weidentunnel, nehmen die Kaninchen gern an.

An der Kratzwelle können sich die Kaninchen richtig austoben und ungestraft ihre Krallen ausfahren. So bleiben Tapeten und Teppich verschont.

Kritisch **auswählen**

Lassen Sie sich viel Zeit beim Kaninchenkauf. Neben dem gesundheitlichen Aspekt sollten Sie auch den Charakter Ihrer zukünftigen Mitbewohner sorgfältig prüfen, damit sie gut zu Ihnen passen.

YOUNGSTER Meist verliebt man sich in die ganz kleinen Fellknäuel. Doch mindestens acht Wochen sollten sie sein, bevor man sie von Mama trennt. Junge Tiere lassen sich gut auf den Menschen prägen, doch ihre Verhaltensweisen sind nicht ausgereift und können sich später noch ändern.

ADULTE TIERE Auch sie haben klare Vorzüge. Ältere Kaninchen besitzen ein sehr stabiles Wesen und einen ausgeprägten Charakter. Kurzum – man weiß, was man bekommt.

langjähriger Erfahrung weiß ich: Kaninchen haben eindeutig den größeren Dickschädel.

Eifrige Knabbermonster

Die Nagelust wurde den Kaninchen in die Wiege gelegt. Ihre wilden Vettern ernähren sich unter anderem von Wurzeln und Baumrinden, sodass sich die nachwachsenden Schneidezähne kontinuierlich abnutzen. Bieten wir unseren Kaninchen kein geeignetes Nagematerial, vergreifen sie sich zwangsläufig am Inventar.

Tipp Lenken Sie den Nagetrieb in die richtigen Bahnen. Auch übereifrige Knabbermonster lassen sich mit Ästen von Haselnuss und Co. bestechen.

In Meckerlaune

In freier Natur haben die Kaninchen alle Pfoten voll zu tun, um nicht im Magen eines Fressfeindes zu landen. In der Wohnung sind spannende Abenteuer rar, und schnell macht sich Langeweile breit. Ihren Unmut bekunden die Hoppler durch rasch aufeinanderfolgende Schimpflaute. Dieses sogenannte Murksen scheint eigens für ihren Menschen gedacht, denn in Gesprächen untereinander wird es nicht eingesetzt. Auch Nagen und Rütteln am Gitter, rastloses Hin- und Herlaufen, aggressives Verhalten und anhaltende miese Laune sind Zeichen dafür, dass die Kaninchen unterbeschäftigt sind oder sich eingeengt fühlen.

Tipp Halten Sie Kaninchen mindestens im Doppelpack und gönnen Sie ihnen viel Platz zum Hoppeln, Springen und Herumtoben. Schicken Sie die neugierigen Fellnasen ab und zu auf eine unterhaltsame Forschungsreise ins Unbekannte und bieten Sie ihnen interessante Spiel- und Sportmöglichkeiten (→ Foto links). Ein Ausflug ins Freie steht auf der Hitliste der Kaninchen ganz weit oben.

Typisch Freigänger

»Wildlife« heißt das Zauberwort, das jedes Kaninchenherz höher schlagen lässt. Bei einem Leben fast wie in freier Natur überraschen uns die Hoppler mit Verhaltensweisen, die man so aus der Wohnungshaltung nicht kennt. Wer seine Kaninchen im Freien beherbergt, kann seinen Wortschatz in Kaninisch noch erweitern, denn Freigänger sprechen einen ganz besonderen Dialekt.

Immer auf Achse

Auch Stubenkaninchen sind gern unterwegs, doch der begrenzte Platz schränkt sie ein. Nicht alle Halter können einen großen, dauerhaften Auslauf realisieren. Bei artgerechter Außenhaltung verfügen die Kaninchen über einen großen, naturnah eingerichteten Lebensraum. Sie können nach Herzenslust herumstromern, die »echte« Natur entdecken und Dreck machen, ohne dass ihr Mensch sofort mit dem Staubsauger angedüst kommt. Hier eckt man nicht bei jedem ausgelassenen Hüpfer an und muss beim Sprint nicht schon kurz nach dem Start wieder abbremsen. Einige Hoppler entdecken ganz neue Leidenschaften und frönen dem Bergsteigen oder Hürdenlauf. Unser Willi turnt mit Vorliebe auf einem schräg gewachsenen Apfelbaum. Geschickt balanciert er auf dem Geäst, angelt sich die süßesten Früchte und genießt die Aussicht.

Mit allen Sinnen genießen

In der Natur werden die Kaninchen mit zahlreichen neuen Gerüchen, Geräuschen und Gefühlen konfrontiert. Plötzlich weht ihnen ein frischer Wind um die Nase, die Pfoten spüren natürlichen Boden, und sie begegnen seltsamen Wesen der anderen Art. Das ist spannend und aufregend, anfangs auch beunruhigend. Kein Wunder also, dass »ausgewanderte« Kaninchen einige Zeit brauchen, bevor sie ihre neu gewonnene Freiheit richtig genießen. Besonders interessant für uns Menschen ist die Reaktion der Kaninchen auf den Wechsel der Jahreszeiten. Während Stubenkaninchen das ganze Jahr über Haare verlieren, beobachtet man bei Außenhaltung einen deutlichen Fellwechsel im Frühjahr und Herbst. Auch das Toben im Schnee ist für die Hoppler eine völlig neue Erfahrung.

Operation Tiefbau

Selbst Kaninchen, die in der Wohnung kaum Buddelambitionen gezeigt haben, werden im Außengehege zu begeisterten Tunnelbaumeistern. Sie schichten »tonnenweise« Erde um und legen erstaunliche Labyrinthe und Wohnkessel an. Trotz der tollen Schutzhütten, die wir eigens für unsere Kaninchenbande gebaut haben, ziehen sie meist ihre selbst gegrabenen Höhlenunterkünfte vor. So ein Hoppel hat eben auch seinen Stolz. Und wir müssen neidlos zugeben: Als Baumeister stehen sie unserem Können in nichts nach.

Familienzoff ist angesagt

Während bei Innenhaltung oft nur zwei Kaninchen zusammenleben, bieten Außengehege genug Raum für eine große Familie. Hier ist immer etwas los, und auch Streitigkeiten bleiben nicht aus. Die Gruppenkonstellation gestattet uns einen noch tieferen Einblick in das interessante Sozialleben der Kaninchen. Die Beobachtung ist nicht nur informativ, sondern toppt so manches Fernsehprogramm.

SCHNEEGESTÖBER Ganz schön kalt, die weiße Pracht, doch unter dem Winterfell ist es mollig warm. Unser Felix ist ein echter Draufgänger und geht sofort auf Entdeckungsreise. Ausgelassen tobt er durch den Schnee, taucht fast vollständig darin ein, um sich danach energisch zu schütteln, sodass die Schneeflocken tanzen. Dann markiert er eifrig die weiße Decke. So ein lustiges Spielparadies muss er sofort als Alleinbesitz kennzeichnen, sonst macht es ihm noch ein Kumpel streitig.

HERBSTSPIELE Statt das herabfallende Herbstlaub zu entsorgen, sollten Sie Ihren Kaninchen einen Spielspaß der besonderen Art gönnen. Einfach alles auf einen Haufen fegen und abwarten. Es dauert nicht lange, und die neugierigen Kaninchen toben wie wild darin herum oder buddeln sich tief hinein und halten ein Nickerchen. Von Dauer ist das Vergnügen jedoch nicht, dafür schmecken die bunten Blätter einfach zu gut.

SELTSAME GÄSTE »Was bist du denn für einer? So jemanden habe ich ja noch nie gesehen!« Außengehege bieten seltsame Überraschungen und spannende Begegnungen mit anderen Tieren.

Verdeckte Körpersprache

Die Kommunikation mit Ihren Kaninchen klappt prima, und Sie können jedes Verhalten gut einordnen. Doch sollte man immer blind glauben, was uns das Tier weismachen will? Ein kritischer Blick zeigt, wie es Ihren Pfleglingen wirklich geht. Lügen haben manchmal auch lange Beine, doch Kaninchen schwindeln nicht ohne Grund.

Perfekte Schauspieler

Als potenzielle Beutetiere verbergen Kaninchen Krankheiten instinktiv, denn wer in freier Natur Schwäche zeigt, hat schon verloren. Keinesfalls darf dem Fressfeind Angreifbarkeit signalisiert werden, sonst findet man sich schnell auf dessen Frühstücksteller wieder. So schleppt sich ein Mümmelmann selbst dann noch zum Fressnapf, wenn ihm gar nicht zum Futtern zumute ist. Zudem versucht er, den Kontakt zur Gruppe nicht abreißen zu lassen, denn nur in der Gemeinschaft hat er eine echte Überlebenschance. Um gesundheitliche Probleme frühzeitig zu erkennen, sollte man genau hinschauen, denn oft trügt der Schein. Folgende Anzeichen geben Anlass zur Sorge:

Verändertes Wesen Das Kaninchen zeigt sich deutlich ruhiger als sonst. Es ist apathisch, sitzt öfter allein in der Ecke und beteiligt sich kaum an den Aktivitäten seiner Kumpel.

Verschmähtes Futter Pünktlich zur Futterzeit erscheint das Kaninchen, aber es knabbert nur lustlos, trotz reichhaltigem Angebot. Selbst sein Lieblingsfutter lässt es links liegen.

Eingeschränkte Beweglichkeit Das Kaninchen vermeidet schnelle Bewegungen. Es hoppelt deutlich langsamer oder in Schonhaltung. Auch das Putzen fällt ihm schwer.

Gestörte Verdauung Ein seltsam erhobenes Hinterteil und ein gestelzter Gang weisen auf Verdauungsprobleme hin. Die Kotkugeln sollten trocken und gut geformt sein. Weicher, breiiger Kot ist ein Zeichen von Durchfall. Geringer oder fehlender Kotabsatz zeugt von Verstopfung.

Fit und gesund. Das Kaninchen zeigt einen guten Appetit und angelt sich mit viel Geschick einen süßen Apfel direkt vom Baum.

1 GESICHTSWÄSCHE Der Hoppel befeuchtet die Vorderpfoten mit Speichel, streicht damit mehrmals über das Gesicht und säubert dann die Ohren.

2 PFOTENPFLEGE Auch die Pfoten werden akribisch gereinigt. Mit den Zähnen befreit das Kaninchen das Fell und die Krallen von Schmutz und anderen Verunreinigungen.

3 FELLPUTZ Mit akrobatischen Bewegungen putzt das Kaninchen sein Fell und entfernt auch, bedingt durch den Fellwechsel, lose Haare.

Ein gepflegtes Erscheinungsbild

Gewöhnlich kommen Kaninchen perfekt gestylt daher. Sie legen außerordentlich großen Wert auf ihr Äußeres und verwenden bis zu zwei Stunden täglich für die intensive Körperpflege (→ Fotos oben). Doch plötzlich präsentiert sich eine Fellnase im Schmuddellook. Spätestens jetzt sollten Sie aufmerksam werden, denn das äußere Erscheinungsbild eines Kaninchens spricht Bände und spiegelt nicht selten den Gesundheitszustand Ihres Pfleglings wider.

Auf Folgendes sollten Sie achten und gegebenenfalls umgehend den Tierarzt aufsuchen:

Fell Es weist kahle Stellen oder Verkrustungen auf und ist struppig und glanzlos. Auch außerhalb des Fellwechsels tritt verstärkter Haarausfall auf.

Augen Sie sind trüb, gerötet oder tränen. Es treten eitrige Absonderungen auf, und Augenlider sowie Umgebung sind verkrustet.

Ohren Sie weisen innen oder außen Verkrustungen auf. Das Ohrenspiel scheint eingeschränkt, und das Kaninchen reagiert auf Geräusche auffällig langsam, verspätet oder gar nicht.

Nase Das Kaninchen niest auffallend oft. Die Nase ist schmutzig und verklebt, und es tritt Sekret aus.

Zähne Die Zähne sind übermäßig lang oder haben eine starke Fehlstellung. Das Kaninchen knirscht mit den Zähnen oder hat ständig ein feuchtes Kinn.

Pfoten Die Pfoten sind entzündet, die Krallen deutlich zu lang.

After Die Analregion ist stark verschmutzt, das Fell von Durchfall verklebt.

Körper Das Kaninchen ist zu dick oder deutlich abgemagert. Der Körper hat eine für seine Rasse untypische Form. Unter dem Fell kann man Verdickungen oder Knoten tasten.

Hilfe für Senioren

Auch Senioren legen wert auf Körperpflege, doch im Alter lässt die Beweglichkeit nach. Das Putzen hinter den Ohren fällt schwer, und der Rücken ist plötzlich außer Reichweite. Empfindsame Pfoten verlangen nach weicher Einstreu, Kaubeschwerden nach zerkleinerter Nahrung. Das schwächelnde Immunsystem verträgt eine Extraportion Vitamine. Hier ist der Einsatz des Halters gefragt.

Seltsame Verhaltensweisen

Alles klappt wunderbar. Sie sind ein richtiges Sprachgenie und beherrschen das Kaninchen-Einmaleins im Schlaf. Jede Bewegung, jeder Laut Ihrer Schützlinge ist Ihnen vertraut, und nichts stört das harmonische Zusammenleben. Doch plötzlich fällt ein Kaninchen aus der Rolle. Es benimmt sich eigenartig, obwohl ihm äußerlich nichts fehlt. Streicheleinheiten interessieren es nicht mehr, und Annäherungsversuche quittiert es mit einem heftigen Pfotenschlag. Solche Stimmungsumschläge sind gar nicht selten, denn Kaninchen sind echte Sensibelchen. Schon ein leicht veränderter Lebensrhythmus oder andere äußere Umstände bringen sie aus dem gewohnten Takt. Hier gilt es Ursachenforschung zu betreiben, den Auslöser abzustellen oder die Sache einfach geduldig auszusitzen.

Ein Nest voller hilfloser Winzlinge weckt den Beschützerinstinkt der Mama. Zur Verteidigung fährt sie schon mal ihre Krallen aus.

Nachwuchs im Anmarsch

Der Wunsch nach Nachwuchs ist verständlich, will jedoch gut durchdacht sein. Trotz gründlicher Planung wird oft ein wesentliches Detail übersehen: Paarung, Schwangerschaft und Mutterstand beeinflussen das Verhalten eines Kaninchens, sodass man seine Pfleglinge nicht mehr wiedererkennt.

Konkurrenzdenken Kehrt eine Dame von ihrem Herrenbesuch zurück und verpestet mit dem fremden Geruch das heimische Gehege, zeigen sich die Mitbewohner nicht begeistert. Erbarmungslos jagt man die werdende Mama durch das Gehege. Selbst jahrelange Freundschaften können am einmaligen »Fremdgehen« zerbrechen.

Hormonschub Bei trächtigen Häsinnen sind die Gefühle im Aufruhr. Nicht selten wird aus dem Schmusehäschen eine Kratzbürste, und die eigenwillige Häsin fordert nun Streicheleinheiten.

Beschützerinstinkt Jede Mutter verteidigt ihren Nachwuchs. Einige Häsinnen treten für den Blick ins Nest willig beiseite, andere bestehen auf ihr Hausrecht. Belästigen Sie die Mama nicht allzu oft. Die Kleinen suchen sich schon bald allein den Weg nach draußen.

Sorgsam bewacht Mama ihren Nachwuchs. Wehe, wenn den Kleinen jemand zu nahe kommt. Selbst der vertraute Mensch wird misstrauisch beäugt.

Die Geschwisterkinder verstehen sich gut. Trotzdem werden sie schon bald ihre Kräfte messen, um ihren Platz in der Hierarchie zu finden.

Voreilige Mutterfreuden

Ihre Kaninchendame ist wie ausgewechselt und verhält sich Ihnen und ihren Artgenossen gegenüber aggressiv, aufsässig und kratzbürstig? Zu allem Übel rupft sie sich auch noch büschelweise das Fell aus? Ist eine Schwangerschaft ausgeschlossen, deuten solche Anzeichen auf eine Scheinschwangerschaft hin. Obwohl der Deckakt nicht erfolgreich war, verhält sich die Häsin so, als sei sie trächtig. Machen Sie sich keine Sorgen. Normalerweise ist der Spuk nach ein paar Tagen vorüber. Bei Häsinnen, die öfter als zwei- bis dreimal im Jahr scheinschwanger werden, sollte über eine Kastration nachgedacht werden, da die Tiere unter Dauerstress und Appetitlosigkeit leiden.

Ein neuer Mitbewohner

Ihre tierische Wohngemeinschaft soll aufgestockt werden? Da ist Ärger vorprogrammiert. Wählen Sie ein Kaninchen, das vom Wesen her zu Ihrer Stammbesetzung passt. Jungtiere ordnen sich schneller unter, aber ohne Reibereien geht eine Zusammenführung nie ab. Wählen Sie einen neutralen Ort und sorgen Sie für viel Bewegungsfreiheit, damit sich die Kontrahenten aus dem Weg gehen können. Keinesfalls sollten Sie voreilig eingreifen, das stört und verlängert den Eingliederungsprozess. Vertrauen Sie auf Ihre Kaninchen, die bekommen das auch allein gut geregelt.

Lebenswichtige **»Unart«**

Das Kotfressen ist eine ganz natürliche und überlebenswichtige Verhaltensweise der Kaninchen. Ihr großer Blinddarm resorbiert die Nährstoffe aus der Nahrung nicht vollständig, sondern scheidet sie als Weichkot wieder aus. Der traubenförmige Blinddarmkot ist unter anderem reich an Vitamin B und K. Deshalb wird er direkt vom After wieder aufgenommen und so ein zweites Mal verwertet.

WG-Zoff

Selbst in eingeschworenen Hoppelfamilien gibt es manchmal Zoff. Das gehört zum Leben der Kaninchen dazu und sollte nicht überbewertet werden.

Machtbeweis Ab und an gibt es vom Chef eins hinter die Löffel. Aufsässigkeiten von Rangniederen werden nicht geduldet.

Flegeljahre Zwischen dem 4. und 8. Lebensmonat kommen einige Kaninchen in die sogenannten Flegeljahre. Dann ist es meist vorbei mit der guten Erziehung. Doch keine Angst, diese Phase geht rasch vorüber, und schon bald haben Sie Ihren netten Hoppler wieder.

Regierungsanspruch Gute Ränge sind gefragt, denn sie bringen einige Vorteile mit sich. Deshalb fehlt es nicht an wagemutigen Kaninchen, die die Stellung ihres Oberhauptes infrage stellen.

Besucheralarm

Auch wenn Gäste gern gesehen sind – für die Kaninchen bedeuten sie in den meisten Fällen Stress pur. Neue Stimmen und Geräusche, viel Trubel und Geschäftigkeit stören den gewohnten Tagesablauf. Ihr Mensch hat nicht viel Zeit für sie, oder noch schlimmer – sie stehen im Mittelpunkt des Geschehens, und jeder Besucher will anschau-

Kaninchen sind reinliche Tiere. Mit einer passenden Toilette am richtigen Ort ist die Chance auf Stubenreinheit groß. Dieses Luxusmobiliar bietet nicht nur reichlich Platz, sondern auch ein leckeres Mahl.

en, anfassen, hochnehmen und kuscheln. Auf so viele Liebesbezeugungen von wildfremden Menschen verzichten die Kaninchen gern. Auch wenn sie geduldig stillhalten, sind sie total verängstigt. Bremsen Sie die Neugierde der Besucher und haben Sie auch ein Auge auf jagdfreudige Begleiter, die die Hoppler in Todesangst versetzen.

Frühlingsgefühle

Wenn das Frühjahr naht und die Temperaturen steigen, geraten die Hormone in Wallung, und so mancher Hoppler spielt verrückt. Im Wildreich ist jetzt Fortpflanzungszeit, und selbst die besten Freunde werden zu Rivalen, wenn eine flotte Häsin im Spiel ist. Auch unsere Hauskaninchen gebärden sich seltsam. Ein Rammler lässt gern den Chef raushängen, die Damenwelt zeigt sich launisch und zickig. Kleine Kämpfe stehen auf der Tagesordnung, und eine Zepterübernahme ist möglich. Doch die rebellische Phase ist schnell vorüber.

Stubenrein – das war einmal

Eine besondere Reinlichkeit gehört zu den Gepflogenheiten der Kaninchen. Doch manchmal scheinen sie dies einfach zu vergessen. Die Gründe hierfür sind vielfältig. Vielleicht haben Sie den Standort der Toilettenschale geändert oder ein neumodisches Teil angeschafft, das Sie ganz toll finden, aber mit dem sich die Tiere nicht anfreunden können. Oftmals sind die »stillen Örtchen« nur zu klein, um die Hinterlassenschaften bequem deponieren zu können, oder es mangelt ihnen an Standfestigkeit. Auch eine neue Einstreu kann befremden. Vielleicht gibt es einen Anlass zur Neumarkierung, und verteilte Kotpillen sind kein wirkliches Malheur, sondern dienen zielgerichtet ausgelegt zur Kennzeichnung des Besitzes (→ Seite 30).

Missverständnisse vermeiden

TIPPS VON DER KANINCHEN-EXPERTIN
Esther Schmidt

DIALEKT So wie wir Menschen haben auch die Kaninchen keine Einheitssprache, die sich »wortwörtlich« übersetzen lässt. Beobachten Sie deshalb jeden Hoppler genau und lernen Sie seinen ganz speziellen »Dialekt« verstehen.

GESAMTEINDRUCK Kaninchen sprechen mit vollem Körpereinsatz – von der Nasenspitze bis zum Schwänzchen. Urteilen Sie niemals nur nach einzelnen Kriterien, wie der Ohrstellung oder der Kopfposition, sondern betrachten Sie das Tier immer in seiner Gesamtheit.

MEHRDEUTIG Einige Verhaltensweisen der Kaninchen können ganz unterschiedliche Bedeutungen haben. Oft sind sie an bestimmte Situationen gekoppelt. So kann das Putzen ein simpler Reinigungsvorgang, aber auch ein wichtiges Sippenritual oder eine Übersprunghandlung sein.

FREMDSPRACHEN Jede Tierart hat ihre eigene Sprache, auch wenn sich ihre Lebensweisen ähneln. Während das Gähnen beim Kaninchen einfach nur Müdigkeit anzeigt, ist es beim Meerschweinchen eine Geste der Unterwerfung.

Von Mensch zu Kaninchen

Für eine reibungslose Kommunikation mit den Kaninchen ist es nicht nur wichtig, dass wir ihre Signale erkennen und richtig interpretieren. Wir müssen auch dafür sorgen, dass sie uns gut verstehen. Missverständnisse erschüttern die Vertrauensbasis.

Respektvoller Umgang

Artgerechte Haltung – was bedeutet das eigentlich? Streng genommen ist dieser Begriff ein Widerspruch in sich, denn artgerecht bedeutet frei lebend, Haltung ist jedoch immer mit Gefangenschaft verbunden. Tierliebhaber verstehen darunter eine Haltungsform, die sich an den natürlichen Lebensräumen der Tiere orientiert und ihre artspezifischen Bedürfnisse berücksichtigt. Alle Heimtiere sind uns Menschen auf Gedeih und Verderb ausgeliefert und können nur auf unser Wohlwollen, unsere Liebe und unseren Respekt hoffen. Das sollte man bedenken, bevor man sich einen tierischen Untermieter ins Haus holt. Im Fall der Kaninchen sind es sogar mindestens zwei, denn glückliche Hoppler gibt es nur im Doppelpack. Noch besser ist eine größere Gruppe, in der die Fellnasen gemeinsam rennen und toben und alle Vorzüge ihres Soziallebens voll ausschöpfen können.

Verstehen und verstanden werden

Voraussetzung für ein harmonisches Miteinander ist eine große Portion Aufgeschlossenheit und die Bereitschaft, in die einzigartige Welt der Kaninchen einzutauchen, sie neugierig zu erforschen und die Erkenntnisse in die Haltung und den Umgang mit den Hopplern einfließen zu lassen. Doch so wichtig es ist, dass wir die Kaninchen verstehen lernen, so wesentlich ist es auch, uns ihnen verständlich zu machen. Für eine gute Kommunikation müssen wir uns einer einfachen Sprache bedienen, ohne verwirrende Schnörkel, dafür geprägt von klaren Worten und Gesten sowie vielen Wiederholungen. Überfordern Sie Ihre Pfleglinge nicht mit überzogenen Ansprüchen und rechnen Sie mit anfänglichen Missverständnissen. Zeigen Sie sich geduldig und rücksichtsvoll – die Kaninchen werden es Ihnen auf ihre ganz eigene, wundervolle Art danken.

Verständigung schafft Vertrauen

Vertrauen aufbauen ist nicht leicht. Oft wird die Geduld des Menschen auf eine harte Probe gestellt. So schnell sich die liebenswerten Fellnasen auch in unsere Herzen schmuggeln, um ihr Vertrauen zu erobern, müssen wir uns richtig anstrengen. Doch keine Sorge, in jedem von uns steckt ein kleiner Kaninchenflüsterer.

Wie du mir, so ich dir

Die Basis für eine gute Beziehung zwischen Kaninchen und Mensch ist und bleibt eine artgerechte Haltung. Doch dazu gehört mehr als die Erfüllung der elementaren Grundbedürfnisse. Begegnen Sie Ihren Kaninchen mit Liebe, Aufmerksamkeit und Verständnis. Im Gegenzug werden die Hoppler Ihnen uneingeschränktes Vertrauen entgegenbringen und Sie gern in ihre Familie aufnehmen. Je mehr Zuwendung die Kaninchen erfahren, umso aufgeschlossener zeigen sie sich. Eine gute beidseitige Verständigung ist hierbei überaus hilfreich.

Auch bei den Kaninchen geht die Liebe durch den Magen. Mit seiner Lieblingskost erobern Sie das Herz Ihres neuen Mitbewohners im Sturm.

Verständnis – eine gute Basis

Neu eingezogene Kaninchen sind misstrauisch. Schließlich konfrontieren wir sie mit einer völlig fremden Umgebung, und sie wissen nicht, was sie erwartet. Ihr Kontakt zum Menschen beschränkt sich im Wesentlichen auf das Futterabholen, um gleich darauf wieder unterzutauchen. Das gibt uns scheinbar nicht viel Raum zur Kommunikation. Doch auch »Nichtstun« und »Nichtssagen« haben eine nicht zu unterschätzende Bedeutung. Für die Kaninchen ist es ein großer Respekts- und Vertrauensbeweis, wenn Sie anfangs genügend Abstand wahren, nicht unnötig in ihr Hausrecht eingreifen, sondern geduldig auf eine Einladung warten.
Die Dauer der Eingewöhnungsphase hängt nicht zuletzt von den bisherigen Erfahrungen der Kaninchen ab und natürlich von ihrem Temperament. Achten Sie genau auf die Signale jedes Hopplers und reagieren Sie entsprechend. Lieber einmal mehr den Rückzug antreten, als langsam gewachsenes Vertrauen durch einen zu schnellen Vorstoß zunichtemachen.

Eine Frage des Charakters

Wenn sich ein Kaninchen in Ihrer Gegenwart ungezwungen bewegt, ist das bereits ein Zeichen von großem Vertrauen. Doch oft erwartet man als Halter viel mehr. Ganz oben auf der Wunschliste stehen anschmiegsame Kuscheltiere, aber auch

Auf Augenhöhe: Kinder verhalten sich oft instinktiv richtig. Sie legen sich auf den Bauch, um die neuen Mitbewohner genau unter die Lupe zu nehmen. Dadurch erleichtern sie die Kontaktaufnahme, denn der Mensch erscheint dem kleinen Kaninchen nicht mehr wie ein gefährlicher Riese.

engagierte Spielpartner sind heiß begehrt. Einige Halter legen besonderen Wert auf Kaninchen mit Manieren, andere sind gerade von den eigenwilligen Typen, die immer ihren Dickschädel durchsetzen, begeistert. Akzeptieren Sie bitte, dass Kaninchen eigenständige Persönlichkeiten sind, die sich durch bestimmte Vorlieben, Eigenarten und natürlich Schwächen und Macken auszeichnen. Erfreuen Sie sich an der Einzigartigkeit Ihrer Fellnasen, auch wenn sie nicht bis aufs i-Tüpfelchen Ihren Wunschvorstellungen entsprechen. Versuchen Sie nicht, Ihre Schützlinge umzuformen. Das ist vergebene Liebesmüh, denn Kaninchen haben ihren eigenen Kopf. Aber genau das macht sie so interessant und liebenswert. Erforschen Sie die Wesenszüge Ihrer Kaninchen und passen Sie die Umgangsformen entsprechend an.

Schmusehäschen Sie mögen es, wenn man sie streichelt und mit ihnen schmust. Doch auch das liebste Häschen hat von Liebesbeweisen einmal

Streicheleinheiten genießen

Nicht jedes Kaninchen mag den engen Körperkontakt zu seinem Menschen. Doch viele Fellnasen genießen die liebevollen und sanften Berührungen. Damit es so bleibt, sollten Sie einige kleine Regeln beachten.

Tut gut

- \+ Streicheln Sie das Kaninchen nur, wenn es Lust dazu hat.
- \+ Streichen Sie immer in Richtung des Fellwuchses.
- \+ Streichen Sie mit der Hand über Rücken und Flanken des Kaninchens.
- \+ Kraulen Sie das Kaninchen sanft hinter den Ohren.
- \+ Streichen Sie mit dem Finger mehrmals von der Nasenspitze bis zur Stirn des Kaninchens.
- \+ Beobachten Sie die Reaktion des Kaninchens. Fühlt es sich sichtlich unwohl, brechen Sie die Massage ab.

Besser nicht

- − Drängen Sie einem Kaninchen niemals Streicheleinheiten auf. Damit gefährden Sie nur die mühevoll aufgebaute Vertrauensbasis.
- − Streicheln Sie niemals gegen die Fellwuchsrichtung. Das empfinden die Kaninchen als äußerst unangenehm.
- − Vermeiden Sie Berührungen der empfindlichen Tasthaare. Das mögen Kaninchen überhaupt nicht.
- − Viele Kaninchen mögen es nicht, am Bauch gekrault zu werden. Gehört Ihre Fellnase zu den Ausnahmen, wird sie Ihnen irgendwann aus eigenem Antrieb ihre Körperunterseite zuwenden.

genug. Dreht es sich weg oder will es aufstehen, dann lassen Sie es ziehen. Achten Sie unbedingt auch auf die kleinen Signale (→ Seite 26–29). Das Schmusehäschen gehört nicht zu den Typen, die gleich Krawall machen und zwicken. Trotzdem sollten Sie seinen Willen respektieren.

Kratzbürsten Sie sind nicht wirklich böse, zeigen aber wenig Geduld. Wenn ihnen etwas nicht passt und ihr Mensch die dezenten Hinweise nicht kapiert – selbst schuld. Dann fahren sie ganz schnell die Krallen aus und scheuen sich auch nicht, sie einzusetzen.

Angsthasen Ein leises Geräusch, eine hektische Bewegung – schon ist das Kaninchen untergetaucht. Es entfernt sich nie weit vom nächsten Unterschlupf und zeigt sich extrem misstrauisch. Auslöser für lang anhaltende Angstzustände sind nicht selten negative Erfahrungen (→ Seite 51). Abhilfe schaffen können hier nur viel Geduld und ein stressfreies Umfeld. Auch die Gesellschaft vieler artgleicher Kumpel wirkt sich förderlich auf das Sicherheitsempfinden eines Angsthasen aus.

Draufgänger Ohne große Bedenken stürzt er sich in jedes neue Abenteuer. Kein Berg ist zu hoch und Furcht ein Fremdwort. Doch diese Waghalsigkeit birgt auch Gefahren. Haben Sie immer ein Auge auf Ihren mutigen Draufgänger, man weiß nie, was er gerade wieder anstellt.

Zerstörer Er will Sie nicht ärgern, sondern ist nur neugierig. Was immer er in die Pfoten oder zwischen die Zähne bekommt, wird in seine Bestandteile zerlegt und einer genauen Analyse unterzogen. Hier müssen Sie besonderes Augenmerk auf die Qualität von Einrichtung und Spielzeug legen, damit sich das Kaninchen bei den Demontagearbeiten nicht verletzt. Versäumen Sie nicht, wichtige Unterlagen außer Reichweite aufzubewahren, sonst enden sie meist als Schnipselsalat.

Streithammel Er kann es einfach nicht lassen, immer muss er sticheln. Doch wenn den Kumpeln der Geduldsfaden reißt und ein Hieb hinter die Löffel droht, macht er sich blitzschnell aus dem Staub. Bekehren lässt sich ein Streithammel nur selten, dafür wird es mit ihm nie langweilig.

Casanova gehört zu den Zerstörern und zerfetzt mit Leidenschaft Papier. Voller Eifer zerreißt er ein altes Telefonbuch in kleine Schnipsel und verteilt sie anschließend im ganzen Raum.

Kontaktprobleme erkennen

Da hat man sich wirklich in Geduld geübt und seinen Schützlingen viel Zeit zum Einleben gegönnt – trotzdem ist man keinen Schritt weiter. Jede gut gemeinte Zuwendung wird von den Fellnasen ignoriert, und sie erscheinen gerade mal zum Futtern. Nehmen Sie es nicht persönlich und geben Sie die Hoffnung nicht auf. Das Verhalten Ihrer Kaninchen kann verschiedene Ursachen haben, auf die Sie angemessen reagieren sollten.

Angeborene Scheu

Alle Kaninchen haben eine gewisse Scheu. Als Vertreter der Beutetiere stehen sie ganz unten in der Nahrungskette und bangen tagtäglich um ihr Leben. Da kann man ihr Misstrauen und ihre Furcht leicht nachvollziehen. Gewöhnt man seine Schützlinge langsam ein, verlieren sie irgendwann ihre Angst. Bei einigen Hopplern klappt es relativ schnell, andere brauchen etwas länger. Manchmal schlägt in der Brust eines Kaninchens immer noch das Herz des Wildtieres, und die Anpassung an den Menschen fällt besonders schwer.

Stressfaktoren

Kaninchen sind kleine Sensibelchen. Auch wenn sie sich nach außen gern als coole Draufgänger präsentieren, toben in ihrem Inneren oft wahre

Ungleiches Duo: Ein Hoppler duckt sich ängstlich, der mutigere Kumpel peilt in aller Ruhe die Lage.

Ein seltenes Bild: Jäger und Gejagter beim gemeinsamen Spiel. Doch ein Risiko bleibt immer bestehen.

Gefühlsstürme. Ein Umzug ist schon nicht leicht zu verkraften. Kommen weitere Stressfaktoren wie Einzelhaltung aufgrund von Quarantäne, Zoff mit den neuen Artgenossen bei der Zusammenführung oder Hormonschübe hinzu, kann sich die Eingewöhnungsphase in die Länge ziehen. Manchmal ist ein zu spärlich eingerichtetes Gehege der Grund für die ängstliche Zurückhaltung der Kaninchen. Bieten Sie deshalb viele Rückzugsmöglichkeiten an, jedoch ohne das Gehege zu überfrachten. Das vermittelt den Hopplern ein Gefühl von Sicherheit, und sie zeigen sich umso öfter.

Bedrohliche Mitbewohner

Nicht selten werden die Kaninchen bei ihrem Einzug mit anderen vierbeinigen Hausbewohnern konfrontiert. Doch auch wenn Hund und Katze gut erzogen sind und ihre natürliche Jagdleidenschaft fest im Griff haben, stellen sie aus Sicht der Kaninchen eine ständige Bedrohung dar, die das Einleben unnötig erschwert. Schaffen Sie eine breite Sicherheitszone und führen Sie die Tiere erst dann zusammen, wenn Ihnen die Kaninchen schon vertrauen. Das reduziert den Stressfaktor. Achten Sie auf die Reaktionen beider Tierarten und handeln Sie entsprechend. Vielleicht können die Kaninchen ihre Angst niemals ablegen, aber auch tiefe Freundschaften zu Vertretern der Jagdfraktion sind nicht ausgeschlossen. Trotzdem sollte das gemeinsame Spiel nur unter Aufsicht erfolgen.

Negative Erfahrungen

Wenn sich Kaninchen selbst nach Wochen liebevoller Zuwendung und ohne bedrängt zu werden, kaum aus dem Häuschen trauen, resultiert das oft aus negativen Erfahrungen. Werden die Hoppler nicht artgerecht gehalten, schlecht behandelt und von ihrem Halter vernachlässigt, prägt sich das tief ins Gedächtnis ein. Vor allem lange Einzelhaltung, ein beengter Lebensraum und permanente Unterbeschäftigung beeinflussen das Wesen und Verhalten der Kaninchen nachhaltig und äußern sich nicht selten in extremer Scheuheit bis hin zu übermäßiger Aggressivität.

Hier hilft nur Geduld, Geduld und nochmals Geduld. Irgendwann erkennen die Kaninchen Ihre guten Absichten und wissen sie zu schätzen.

Rennen und Springen sind die besten Heilmittel gegen Stress und Angst. Gönnen Sie Ihren Kaninchen deshalb viel Bewegungsfreiheit.

Versteckte Erkrankungen

Verhaltensauffälligkeiten können auch Symptome für eine ernsthafte Erkrankung sein. Vor allem bei plötzlich auftretenden, gravierenden Wesensänderungen, die nicht situationsbedingt sind, sollte man hellhörig werden. Im Zweifelsfall ist es immer sinnvoll, einen Tierarzt zurate zu ziehen, der sich mit Kaninchenkrankheiten gut auskennt.

Zwischenartlicher Dialog

Kaninchen sind lern- und anpassungsfähig. Im Zuge der Domestizierung haben sie ihre natürlichen Verhaltensweisen erweitert und »plaudern« auch gezielt mit ihrem Menschen. Doch es ist nicht nur wichtig, diese besondere Sprache richtig zu deuten, man muss auch entsprechend reagieren.

1 Liebesbekundungen

Leckt Ihr Kaninchen ausgiebig Ihre Hand, ist das ein großer Vertrauensbeweis. Sie sind offiziell in die Hoppelfamilie aufgenommen und werden in die Putzrituale einbezogen. Schaut das Kaninchen Sie erwartungsvoll an oder schiebt seinen Kopf unter Ihre Hand, fordert es damit zum Streicheln auf.

2 Aufmerksamkeit erhaschen

Stupst Ihr Kaninchen Sie wiederholt mit der Nase an, verlangt es nach Aufmerksamkeit. Vielleicht hat es Lust auf ein Spiel oder möchte gestreichelt werden. Auch wenn Sie gerade beschäftigt sind – gönnen Sie Ihrem Hoppler ein paar Minuten Ihrer Zeit.

3 Bettler im Pelzmantel

Kaninchen sind exzellente Beobachter und haben ganz fix den Dreh raus, wie man seinen Menschen um die Pfote wickelt und nebenbei noch eine leckere Belohnung abkassiert. Das Tänzeln auf den Zehenspitzen kommt besonders gut an, denn dieser niedlichen Geste kann man nur schwer widerstehen. Doch verwöhnen Sie Ihre liebenswürdigen Bettler nicht allzu oft und zeigen Sie ihnen auch Grenzen auf. Kalorienbomben sollten eine Ausnahme sein, sonst wird aus dem schlanken und vitalen Hoppel schnell ein träger Moppel.

4 Stimmung am Nullpunkt

Auch das lustigste Spiel wird einmal langweilig und die angenehmste Streicheleinheit lästig. Dreht Ihr Kaninchen demonstrativ den Kopf weg, entzieht sich Ihrer Hand oder stößt sie gar zurück, ist das ein unmissverständliches Zeichen dafür, dass es genug hat. Ist auch ein Fauchen zu vernehmen, wird es höchste Zeit, sich zurückziehen. Weiteres Bedrängen kann einen Angriff provozieren.

5 Rege Anteilnahme

Kaum betreten Sie das Gehege, schon werden Sie von Ihren Pfleglingen umzingelt. Freuen Sie sich über diesen netten Willkommensgruß. Er zeigt, dass sich die Kaninchen bei Ihnen rundum wohlfühlen und Ihre Anwesenheit genießen. Nicht selten verfolgen die Hoppler ihren Menschen auf Schritt und Tritt und stecken überall ihr neugieriges Näschen hinein. Genießen Sie diese Anhänglichkeit, auch wenn sie zu unpassender Zeit vielleicht etwas lästig ist. Kaninchen halten sich eben an keinen Terminplan.

Abwechslung muss sein

Kaninchen müssen nicht rund um die Uhr betreut werden, sie können sich auch gut selbst beschäftigen. Da in der Heimtierhaltung der Platz begrenzt ist, sollten Sie für zusätzliche interessante Jobangebote sorgen. Der Zoofachhandel bietet ein vielfältiges Angebot an Solo-, Futter- und Intelligenzspielen, aber auch Marke Eigenbau und Dinge aus Wald und Flur kommen bei den Fellnasen gut an.

1
2
3
4
5

Kleine Benimmschule

Sprechen Sie oft mit Ihren Kaninchen? Ich mache das andauernd, denn die Hoppler sind geduldige Zuhörer, und bei ihnen kann man so manchen Alltagsstress abladen. Doch zwischen nettem Geplauder und einem echten Gespräch besteht natürlich ein gewaltiger Unterschied. Möchte ich einem meiner Kaninchen ein konkretes Anliegen übermitteln, schlage ich einen ganz anderen Ton an – und sofort spitzen alle die Löffel, ob vielleicht ihr Name fällt. Manchmal wird meine Ansprache auch einfach ignoriert. Die flinken Hoppler sind gewitzter, als so mancher denkt.

Unterschätzen Sie keinesfalls die Cleverness Ihrer Kaninchen. Für diese pfiffige Häsin ist das Öffnen der Käfigtür ein Kinderspiel.

Erziehung auf die sanfte Tour

Natürlich lassen sich Kaninchen nicht wie Hunde erziehen und abrichten. Doch das liegt keinesfalls an mangelnder Intelligenz und Lernfähigkeit, denn Dummheit können sich die Hoppler gar nicht leisten. Der tägliche Überlebenskampf in freier Natur verlangt ein beträchtliches Maß an Raffinesse und Kreativität. Nur dadurch können sie ihre Feinde auf Dauer austricksen.

Wenn Erziehungsmaßnahmen nicht fruchten, scheitern sie meist an der Ungeduld und Dickköpfigkeit der Kaninchen. Neben echten Strebern gibt es unter ihnen auch kleine Faulpelze, die null Bock auf den Stress haben und lieber als Klassenclown fungieren. Deshalb ist immer Einzelunterricht angesagt, sonst lenken sich die Hoppler gegenseitig ab.

Eine gute Kinderstube

Der Grundstein für eine gute Erziehung wird frühzeitig gelegt. Von ihrer Mama erfahren die kleinen Kaninchen alles, was für das zukünftige Leben von Bedeutung ist. Sie führt ihre Sprösslinge an die richtige Nahrung heran, lehrt sie das intensive Putzen und bildet sie zu Tunnelbaumeistern aus. Von ihr lernen sie die Gepflogenheiten des Sippenlebens und wie die Sache mit der Rangordnung funktioniert. Je länger die Kleinen in der Obhut der Mama bleiben dürfen, desto besser fügen sie sich später in die bestehende Hierarchie ein. Mama lei-

Auch das gründliche Putzen will gelernt sein. Das Balancieren auf den Hinterpfoten ist nicht so leicht, wie es aussieht.

Dieses tolpatschige Schlappohr braucht noch einige Übungsstunden. Seine zaghaften Putzversuche enden nicht selten als Bruchlandung.

tet quasi die erste Sprach- und Verhaltensschule. Von einem tollen Abschlusszeugnis profitiert auch der Mensch, denn an solch gut sozialisierten Mitbewohnern hat man seine helle Freude.

Früh übt sich

Die Sozialisierungsphase eines Kaninchens dauert bis zur 12. Lebenswoche. Die Erlebnisse während dieser Zeit prägen sich tief in sein Gedächtnis ein und bestimmen sein weiteres Leben. Verbindet das Kaninchen von klein auf gute Erfahrungen mit seinem Menschen, zeigt es sich besonders zutraulich. Die Zusammenarbeit gestaltet sich recht einfach und ist oft von Erfolg gekrönt.
Älteren Kaninchen fällt das Lernen etwas schwerer. Wie wir Menschen halten sie gern an ihrer eingefahrenen Lebensweise und ihren Untugenden fest.

Das richtige Timing

Respektieren Sie die Ruhephasen Ihrer Kaninchen. Wenn sie gerade am Dösen, Futtern oder Putzen sind, steht ihnen garantiert nicht der Sinn nach einer ernsthaften Unterhaltung oder einem anstrengenden Lernprogramm. Auch Sie möchten nicht aus Ihrem Mittagsschlaf gerissen werden, weil ein Kaninchen spielen will. Nutzen Sie lieber die Aktivzeit der Kaninchen, dann haben Sie ihre volle Aufmerksamkeit, und sie sind für jedes spannende Abenteuer zu begeistern.

Therapeuten im Kaninchenfell

Kaninchen sind keine Wunderheiler, können aber durchaus zum Wohlbefinden eines Menschen beitragen. Klammheimlich stehlen sie sich in unsere Herzen und zaubern im Nu ein Lächeln auf jedes Gesicht. In Altenheimen und Krankenhäusern setzt man sie erfolgreich als tierische Therapeuten ein. Die Fellnasen unterhalten Senioren und Patienten besser als jedes Fernsehprogramm.

Direkte Ansprache

Schauen Sie das Kaninchen an, sonst weiß es nicht, wem die Ansprache gilt. Ist es bereits auf seinen Namen geprägt, setzen Sie diesen immer voran. Reden Sie langsam und eindringlich. Der Tonfall sollte der Situation angemessen sein, das heißt, ein Verbot verlangt einen schärferen Ton und sollte sich eindeutig von einem liebevollen Lob absetzen. Doch schreien Sie das Kaninchen keinesfalls an. Ein verängstigter Hoppler zeigt sich wenig gesprächs- und lernbereit.

Beim Namen genannt

Die Namensgebung der Kaninchen liegt in Ihren Händen. Oft spiegelt sie den Charakter des Hopplers wider. Max und Moritz, unser Draufgängerduo, hat nichts als Unsinn im Kopf und macht seinem Namen alle Ehre. Unser Tollpatsch ist ein echter Unglücksrabe, der schon mal über seine eigenen Pfoten stolpert. Doch ob Wilma oder Karlchen, Bommel oder Flöckchen – wählen Sie einen einfachen Namen, der sich gut rufen lässt. Schließlich muss ihn auch der Hoppler wiedererkennen. Vergeben Sie innerhalb einer Kaninchengruppe keine ähnlich klingenden Namen, sonst kommen zwei Kaninchen angehoppelt, wenn es etwas abzustauben gibt.

Klare Worte

Erkennen Sie die Grenzen eines Kaninchens und überfordern Sie es nicht mit einer Unzahl komplizierter Worte, die es unmöglich verstehen kann. Beschränken Sie sich auf einfache Kommandos, die es gut im Gedächtnis behält. Ist dem Hoppler ein Malheur passiert, reicht ein »Pfui!«, überschreitet er ein Verbot, wird das mit einem energischen »Nein!« geahndet. Als Lob dient ein »Gut

Unterstreichen Sie die energisch vorgetragene Abmahnung mit einer einprägsamen Geste. Oft hilft ein drohender Zeigefinger.

Erziehungsregeln, die helfen

KLARHEIT Verzichten Sie auf viele Worte, die die Kaninchen unnötig verwirren. Kurz und prägnant ist besser verständlich. Wählen Sie kleine Lerneinheiten und wiederholen Sie die einzelnen Lektionen regelmäßig.

PAUSENZEIT Überfordern Sie Ihre Schüler nicht. Werden sie unaufmerksam, ist Pause angesagt.

BELOHNUNG Bemühungen sollten auf jeden Fall honoriert werden, auch wenn ein Kaninchen das Lernziel nicht erreicht hat.

STRAFFREI Mit Bestrafungen erreichen Sie bei Ihren Kaninchen gar nichts, versuchen Sie es lieber mit Motivation. Loben Sie Ihre Hoppler auch bei kleinen Fortschritten.

gemacht!« oder »Prima!«, und soll das Kaninchen zu Ihnen aufs Sofa springen, reicht ein »Hopp!«. Unterstützen Sie Ihre Aussage durch eine entsprechende Körperhaltung, wie eine einladende Geste oder eine abwehrende Handbewegung. Verwenden Sie andere Worte, sollten sie möglichst kurz und einprägsam sein und sich deutlich voneinander unterscheiden. Wichtig: Verwenden Sie für eine bestimmte Situation immer den gleichen Wortlaut, sonst verwirren Sie die Kaninchen unnötig.

Reden auf Kaninchenart

Am besten verstehen die Kaninchen ihre eigene Sprache. Wer sich in Kaninisch auskennt, kann sein Wissen bei der Kommunikation von Mensch zu Kaninchen einsetzen. Wenn ein Hoppel genervt ist, dreht er den Kopf, stupst den Störenfried weg oder wechselt demonstrativ den Platz. Hier gilt gleiches Recht für alle. Fühlen Sie sich gestört von den Betteleien Ihres Hopplers, wenden Sie sich von ihm ab oder schieben ihn vorsichtig mit den Händen zur Seite (→ Foto rechts). Kaninchen sind ziemlich hartnäckig, deshalb kann eine mehrmalige Wiederholung der Abwehrgeste nötig sein.

Sinnvolle Lernziele

Verlangen Sie bitte nichts, was dem Naturell der Kaninchen widerspricht. Jede Erziehungsmaßnahme sollte einen sinnvollen und nützlichen Hintergrund haben. Das Antrainieren kleiner Kunststücke ist okay, solange nicht nur Sie, sondern auch der Hoppler Spaß daran findet.

Stubenreinheit Wildkaninchen nutzen spezielle Außentoiletten, sind also schon von Haus aus stubenrein. Auch unsere Wohnungskaninchen gewöhnen sich rasch an die Benutzung ihres »stillen Örtchens«. Dieser Erfolg erfreut nicht nur den Menschen; Sauberkeit und Hygiene sind auch förderlich für die Gesunderhaltung der Mümmelmänner.

Stressfreier Transport Trainieren Sie mit Ihren Hopplern den Einstieg in die Transportbox, damit sie im Notfall nicht zusätzlich gestresst werden. Schaffen Sie positive Erfahrungen, indem Sie die Box nicht nur für den Gang zum Tierarzt nutzen,

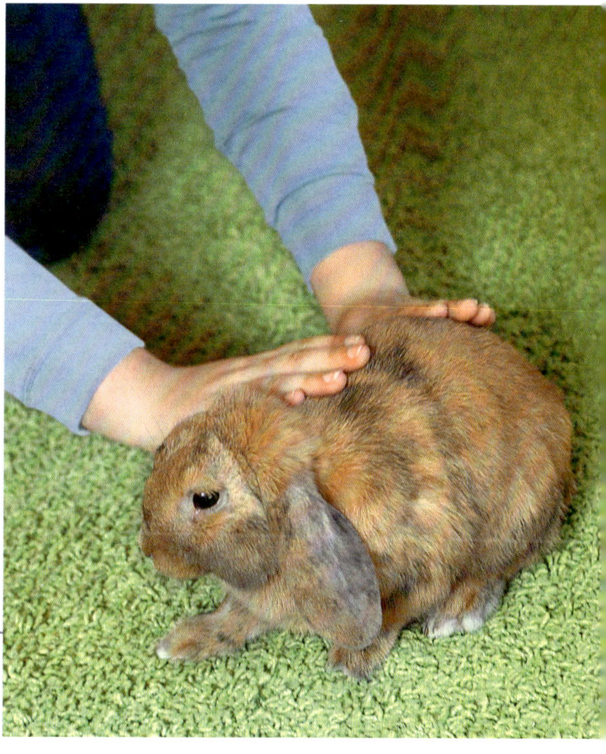

Schieben Sie den Plagegeist mit beiden Händen vorsichtig zur Seite, um ihm Ihre Abwehrhaltung auf Kaninisch zu signalisieren.

sondern auch für den Ausflug ins Freigehege. Oder bieten Sie die Box vorübergehend als Unterschlupf im Gehege an. Dann können sich die Kaninchen langsam mit ihr anfreunden.

Kommen auf Zuruf Prägen Sie die Kaninchen auf ihren Namen, indem Sie ihn oft benutzen. Kommt ein Kaninchen auf Zuruf, wird es mit einem gesunden Leckerchen belohnt. Es dauert nicht lange, bis es den Zusammenhang begreift. Später reagiert es auch ohne leckere Bestechung. Die Namensprägung erleichtert unter anderem die regelmäßige Gesundheitskontrolle, weil das Tier auf Zuruf kommt, ohne es aufwendig fangen zu müssen.

Aus Erfahrung lernen

Kaninchen sind sehr gute Beobachter und verfügen über eine schnelle Auffassungs- und Kombinationsgabe. Sie können unsere Reaktionen einschätzen und aus Erfahrungen lernen. Das kann sich der Mensch bei der Verständigung zunutze machen. Unsere Kaninchen müssen jeden Tag zur Dämmerung in ihr sicheres Nachtquartier. Ein Händeklatschen genügt, und schon stürmen die Hoppler heran. Aus Erfahrung wissen sie: Das »Abendläuten« lädt gleichzeitig zu einem leckeren Mahl. Leider bemerken die Kaninchen auch Dinge, die uns gar nicht bewusst sind. So wissen die cleveren

Einige Kaninchen sind echte Superhirne und lösen einfache Kombinations- und Denkspiele schnell. Fördern Sie diese Fähigkeiten durch Intelligenzspiele mit unterschiedlichen Funktionsprinzipien.

Kerlchen genau, dass vielleicht etwas Leckeres für sie abfällt, wenn sich die Kühlschranktür öffnet. Durch unermüdliches Anstupsen mit der Nase animiert man seinen Menschen zu den geliebten Streicheleinheiten, und wenn man lange genug am Gitter rüttelt, ist auch schon mal ein zusätzlicher Freigang drin. Gegen die Tricks und Kniffe der pfiffigen Hoppler sind wir machtlos. Sie wissen genau, wie man seinen Menschen um die Pfote wickelt.

Belohnen statt strafen

Kaninchen muss man nehmen, wie sie sind. Hinter den vermeintlichen Unarten verstecken sich ganz natürliche Verhaltensweisen, die nicht einfach abgestellt werden, nur weil sie dem Menschen nicht gefallen. Erziehungsmaßnahmen können von Erfolg gekrönt sein, bieten aber keine Garantie für ewiges »gutes Benehmen«. Keinesfalls sollten Sie ein Kaninchen bestrafen, nur weil es seinen Instinkten folgt. Lautes Anschreien erschüttert die mühsam aufgebaute Vertrauensbasis – und ein Hoppler kann gegenüber seinem Menschen ziemlich nachtragend sein. Dass auch Prügelstrafen jeder Art tabu sind, versteht sich wohl von selbst.

Seinen Unmut bekunden Dagegen spricht nichts. Natürlich sollte dies auf eine Weise geschehen, die das Kaninchen auch versteht. Oft reicht schon ein drohender Finger, verbunden mit einem energischen »Nein!« (→ Foto, Seite 56). Fällt noch das anstehende Leckerchen aus, wird der Hoppler bald einen Zusammenhang zwischen seinem Verhalten und Ihrer Reaktion herstellen. Missetaten sollten also nicht bestraft, aber vorbildliches Benehmen immer gelobt und belohnt werden. Doch achten Sie auf gesunde Leckerchen, denn die Kaninchen lernen schnell, kräftig abzusahnen. Da stellt sich häufig die Frage: Wer erzieht hier wen?

Probleme durch Zucht

TIPPS VON DER KANINCHEN-EXPERTIN
Esther Schmidt

Die Rassevielfalt bei den Kaninchen ist enorm. Doch einige züchterische Veränderungen haben Auswirkungen auf Verhalten und Sprache der Hoppler, die man als Halter kennen sollte.

SCHLAPPOHREN Widderkaninchen haben aufgrund ihrer großen und schweren Schlappohren ein eingeengtes Sichtfeld und ein eingeschränktes Hörvermögen. Zudem ist das Ohrenspiel deutlich beeinträchtigt.

LANGHAARFRISUR Der Beatle-Look ist schick, erfordert jedoch eine aufwendige Pflege, die der regelmäßigen Unterstützung des Halters bedarf. Das lange Fell behindert beim Rennen und Toben, und in den Sommermonaten wird es den Hopplern darunter ziemlich warm. Hier hilft nur ein flotter Kurzhaarschnitt.

MINIATUR-ZWERGE Der Zentralverband Deutscher Rassekaninchenzüchter schreibt nicht umsonst Mindestgewichte für Zwergkaninchen vor. Sogenannte Mini-Zwerge leiden zum Beispiel oft unter Zahnproblemen, das geliebte Mümmeln und Nagen wird für sie zur echten Tortur.

Die **halbfett** gesetzten Seitenzahlen verweisen auf Abbildungen, U = Umschlag, UK = Umschlagklappe.

A

Abducken 14, 28
–, plötzliches 14, 28
Abwechslung 31, 52
Abwehrhaltung 16, **57**
Aggressivität 51
Alarmbereitschaft 21
Analdrüsen 8, 20
Angriff 21, 26, 52
Angst 12, 14, 26, 28, 32, 49
Anhänglichkeit 52
Anspringen 17, 28
Anstupsen 14, **15**, 52
Appetit **38**
Aufmerksamkeit **2**, **6**, 11, 32, 52, **U1**
Augen 39
– und Verhalten 10, 11
Außenhaltung, artgerechte 36
Aussichtsplätze, erhöhte **28**, 29, **U4**
Autoritätsprobleme **UK hinten**

B

Begrüßung 14, **15**, 52
Beißen 15
Belohnung 56, 59
Beschäftigung **34**
Beschnuppern 14, **20**, 29, **31**, **UK vorn**
Beschützerinstinkt 40, **40**
Besitz beanspruchen 8, 30, 43
Bestrafung 56
Betteln 52
Beweglichkeit, eingeschränkte 38
Blinddarmkot 41
Blume 21
Brummen 12, 26

D/E

Dämmerungssehen 7
Duftbotschaften 5, 8, 14, 30, 31
Eingewöhnen 41, 46, 51
Entspannung **7**, 11, 21, 32
Erkrankungen, versteckte 51
Erziehung 54, 56

F

Familienverband 5
Farbensehen 7
Fauchen 12, 26
Fell 36, 39, **39**, 59
Fernsicht 6
Fiepen 12, 26
Flegeljahre 42
Flucht 6, 13, **13**, **19**
Fortpflanzungszeit 43
Futter, verschmähtes 38

G

Gähnen 14, 27, **U4**
Gehör 6, 27
Geruchssinn 7, 20
Geschmackssinn 8, **9**
Giftpflanzen 8
Graben 17, 19, **19**, 29
Grunzen 12
Gruppenleben 18

H

Haken schlagen 13, 27
Haltung, angespannte 16, 28, 32
Haltung, artgerechte 45
Hand lecken 52
Hängeohren **23**
Hierarchie 5, **15**, 16, 17, **41**
Hinterläufe auf Boden schlagen **12**, 13, 26
Hocken, entspanntes 14, 27, 32
Höhlenanlage 5, 18, 36
Hormone und Verhalten 17, 40

I

Individualmarkierung 8
Innenhaltung 34
Intelligenzspiele **58**

K

Kaninchen
– als Therapeuten 55
– und andere Tiere 37, **50**, 51
– und Kinder **47**
Kaninchen-Charakter 46–49
Kaninchenkauf 35
Kaninchenrassen 22, 23
Kinndrüse 8
Kinnreiben 21, 29, 30, **30**
Klagelaut 12
Klauen vom Tisch **UK hinten**
Klopfen **12**, 13, 26
Knurren 12, 26
Kommen auf Zuruf 58
Kommunikation 5, 25, 26, 45
Konkurrenzdenken 17, 29, 40
Kontaktaufnahme 14, **15**, **31**, **U4**
Kontaktprobleme 50
Kopf drehen 57
Kopf schütteln 16, 28, **UK hinten**
Körperpflege 14, 39, **39**
–, gegenseitige **UK vorn**
Körpersprache 5, 38
Kotfressen 41
Kotkugeln auslegen 20, 29, 43
Krallen abnutzen 34
Krankheitsanzeichen 38
Kratzen 15, 17, 34, 35, **UK hinten**
Kreischen 12, 26
Kunststücke antrainieren 57
Kuscheln 14, 27

L

Langeweile 35
Lautsprache 5, 12
Lebensfreude 13, **UK hinten**

Leistendrüsen 8
Lernen **54**, 55, 57, 58
Luftraumcheck 17
Luftsprünge 13, 27

M

Männchen machen 6, 17, 32
Markieren 17, 29, **30**
Miniatur-Zwerge 59
Müdigkeit 11
Mümmeln 19
Murksen 35

N

Nachwuchs 40, 41
– verteidigen 40, **40**, **41**
Nagen **18**, 19, 29, 35
–, am Gitter 35
Namensgebung 56, 58
Nase 39
Nasenblinzeln 7
Neugierde **8**, 32

O

Ohren 6, 27, 39
– und Stimmung 32
Ohrenprobleme 28, **UK hinten**
Ohrenspiel 32
Orientieren 29

P/Q

Paarungsbereitschaft 8, 12, **20**, 26, 29
Panik 10, 14
Putzen **2**, 14, **14**, **19**, 27, **39**, **55**, **UK vorn**
Quieken 12, 26

R

Rammeln 21
Rangkämpfe 15, **16**, 21, 29, 42
Reaktionsvermögen **13**
Rekeln 14, 27
Rennen **3**, 18, 29, **51**, **UK hinten**
Revierkämpfe 15
Reviermarkierung 8, **17**, 20, 29
Rückzugsmöglichkeiten 51
Ruhepausen **28**, 56
– respektieren 55
Ruheposition 14
Rütteln am Gitter 35

S

Scharren 17, 29, 34
Scheinschwangerschaft 41
Scheu, angeborene 50, 51
Schlappohren 59
Schmerzen 26, 27
Schmusen 14
Schnuppern 14, **15**
Schreck 27
Schreien 12, 26
Schwanz und Stimmung 21
Sehvermögen 6
Seitenlage, entspannte 13, **13**, 27, 32, **UK vorn**
Senioren 39
Sicherheitsgefühl 51
Signale deuten 26
Sinne 6, 36
Sozialisierungsphase 55
Sozialverhalten 14, 36
Sprachmissverständnisse 43
Springen 18, **19**, **51**
Sprungröhren 19
Stopfmagen 20
Streichelaufforderung 52
Stressfaktoren 50
Stubenreinheit **42**, 43, 57

T

Tasthaare 9
Transport, stressfreier 57
Trommeln 13, 26

U

Übersprunghandlung 14
Umkreisen 14
Unentschlossenheit 32
Unmut 16, 29, 32, 59
Unterbeschäftigung 35, 51
Unterwerfung 14, **15**, 28
Urinspritzen 20, 21, 29

V

Verbeißen, sich 17
Verdauung, gestörte 38
Verhaltensauffälligkeiten 51
Verhaltensweisen, mehrdeutige 43
Verhaltensweisen, seltsame 40
Verhaltensweisen, typische 18
Verständigung 5
Verstecken 19, 29, **29**, **UK vorn**
Verteidigungsstellung 16
Vibrissen 9

W

Wachsamkeit 5, 7, 17
Waghalsigkeit 49
Wälzen 13, **26**, 27, **27**
Warnsignale 28
Warnung 12
Wegstupsen, heftiges 16, 28
Wesen, verändertes 38
Wohlfühlgebaren 12, 13, **27**
Wohnanlage 19
Wühlen 19, 29, 34

Z

Zahnabrieb **9**, 19, 20, 35
Zähne 19, 39
Zähneknirschen 12, 26
Zähnemalen 12, 26
Zischen 12, 26
Zucht, Probleme durch 59
Zwergkaninchen 7
Zwicken 16, 28

Die Inhalte dieses Buches beziehen sich auf die Bestimmungen des deutschen Tier- bzw. Artenschutzes. In anderen Ländern können die Angaben abweichend sein. Erkundigen Sie sich daher im Zweifelsfall bei Ihrem Zoohändler oder bei der entsprechenden Behörde.

Adressen

› Zentralverband Deutscher Rasse-Kaninchenzüchter e. V. (ZDRK), Peter Mickmann, Mittelfeldweg 19b, D-27607 Langen, www.zdrk.de
› Bundesarbeitsgruppe Kleinsäuger e. V., Binzer Str. 11, D-04207 Leipzig (nur Fragen zur Haltung!), www.bag-kleinsaeuger.de
› Rassezuchtverband Österreichischer Kleintierzüchter (RÖK), Geschäftsstelle: Günther Wimmer, Unterlochnerstr. 17/B, A-5230 Mattighofen, www.kleintierzucht-roek.at
› Rassekaninchen Schweiz, c/o Armin Wyss, Sonnenau 125 a, CH-9108 Gonten, www.kleintiere-schweiz.ch
› Deutscher Tierschutzbund e. V., Baumschulallee 15, D-53115 Bonn, www.tierschutzbund.de
› Schweizer Tierschutz (STS), Dornacherstr. 101, CH-4008 Basel, www.tierschutz.com
› Österreichischer Tierschutzverein, Berlagasse 36, A-1210 Wien, www.tierschutzverein.at

Fragen zur Haltung

beantworten Ihr Zoofachhändler und der Zentralverband Zoologischer Fachbetriebe Deutschlands e. V. (ZZF), Tel.: 0611/44755332 (nur telefonische Auskunft möglich: Mo 12–16 Uhr, Do 8–12 Uhr), www.zzf.de

Adressen im Internet

Praxisinformationen zu artgerechter Haltung, Pflege, Ernährung und Gesundheit; Ausstellungs-Infos und Kaninchen-Foren:
› **www.kaninchenschutz.de**
› **www.sweetrabbits.de**
› **www.zwergkaninchen.net**
› **www.hoppel-bande.de**
› **www.kaninchen.at**
› **www.kaninchen-info.de**
› **www.kaninchentreff.de**
Alles Wissenswerte über giftige Pflanzen in Haus und Garten:
› **www.giftpflanzen.ch**

Bücher

› Linke-Grün, G.: Zwergkaninchen – Wohlfühl-Heime gestalten. Gräfe und Unzer Verlag, München
› Linke-Grün, G.: Kaninchen. Gräfe und Unzer Verlag, München
› Morgenegg, R.: Artgerechte Haltung – ein Grundrecht auch für (Zwerg-)Kaninchen. tb-Verlag, Lahr
› Schmidt, E.: Spiel- und Wohnideen für Zwergkaninchen. Gräfe und Unzer Verlag, München
› Schmidt, E.: Mein Kaninchen. Gräfe und Unzer Verlag, München
› Scholz, H.-P.: Kaninchen-Kompass. Rassekaninchen auf einen Blick. Oertel + Spörer Verlag, Reutlingen
› Wegler, M.: Kaninchen im Außengehege. Gräfe und Unzer Verlag, München

Zeitschriften

› Kaninchenzeitung. Hobby- und Kleintierzüchter Verlagsgesellschaft mbH & Co. KG, Berlin
› Rodentia. Natur und Tier-Verlag GmbH, Münster

Dank

Autorin und Verlag danken der Firma TRIXIE Heimtierbedarf und www.plüschnasen.de für die Unterstützung bei der Fotoproduktion. Weiterhin danken sie folgenden Personen für ihre Mithilfe: Scarlett Göbel; Tami Peters; Leonie, Nele und Niklas Wagner.

Wichtige **Hinweise**

› Tierhaarallergie **Einige Menschen reagieren allergisch auf Tierhaare. Im Zweifelsfall sollten Sie vor dem Kaninchenkauf Ihren Hausarzt konsultieren.**

› Ansteckungsrisiko **Nur wenige Krankheiten sind auf den Menschen übertragbar. Weisen Sie den Arzt auf die Tierhaltung hin.**

› Gesundheitsvorsorge **Regelmäßige Gesundheitschecks decken Erkrankungen rechtzeitig auf und erhöhen die Chance auf eine vollständige Genesung. Impfungen schützen Ihre Kaninchen vor den gefährlichen Kaninchenseuchen.**

Die werden Sie auch lieben.

ISBN 978-3-8338-0520-2

ISBN 978-3-8338-2407-4

ISBN 978-3-8338-0866-1

ISBN 978-3-8338-1198-2

ISBN 978-3-8338-0521-9

ISBN 978-3-8338-1165-4

e Auch als eBook erhältlich.

Mehr von GU auf www.gu.de und
facebook.com/gu.verlag

Willkommen im Leben.

Unsere Garantie

Alle Informationen in diesem Ratgeber sind sorgfältig und gewissenhaft geprüft. Sollte dennoch einmal ein Fehler enthalten sein, schicken Sie uns das Buch mit dem entsprechenden Hinweis an unseren Leserservice zurück. Wir tauschen Ihnen den GU-Ratgeber gegen einen anderen zum gleichen oder ähnlichen Thema um.

Liebe Leserin und lieber Leser,

wir freuen uns, dass Sie sich für ein GU-Buch entschieden haben. Mit Ihrem Kauf setzen Sie auf die Qualität, Kompetenz und Aktualität unserer Ratgeber. Dafür sagen wir Danke! Wir wollen als führender Ratgeberverlag noch besser werden. Daher ist uns Ihre Meinung wichtig. Bitte senden Sie uns Ihre Anregungen, Ihre Kritik oder Ihr Lob zu unseren Büchern.
Haben Sie Fragen oder benötigen Sie weiteren Rat zum Thema? Wir freuen uns auf Ihre Nachricht!

Wir sind für Sie da!
Montag–Donnerstag:
8.00–18.00 Uhr;
Freitag: 8.00–16.00 Uhr
Tel.: 08 00/7 23 73 33
Fax: 08 00/5 01 20 54
(kostenlose Servicenummern)
E-Mail:
leserservice@graefe-und-unzer.de

P.S.: Wollen Sie noch mehr Aktuelles von GU wissen, dann abonnieren Sie doch unseren kostenlosen GU-Online-Newsletter und/oder unsere kosten losen Kundenmagazine.

GRÄFE UND UNZER VERLAG
Leserservice
Postfach 86 03 13
81630 München

Projektleitung: Anita Zellner
Lektorat: Angelika Lang
Bildredaktion: Waltraud Flöter, Petra Ender (Cover)
Umschlaggestaltung und Layout: independent Medien-Design, Horst Moser, München
Herstellung: Miriam-Jana Eberwein
Satz: Uhl + Massopust, Aalen
Reproduktion: Longo AG, Bozen
Druck: Firmengruppe APPL, aprinta druck, Wemding
Bindung: Firmengruppe APPL, m.appl, Wemding

Printed in Germany

ISBN 978-3-8338-2826-3

1. Auflage 2013

Umwelthinweis

Dieses Buch ist auf PEFC zertifiziertem Papier aus nachhaltiger Waldwirtschaft gedruckt. Um Rohstoffe zu sparen, haben wir auf Folienverpackung verzichtet.

GRÄFE UND UNZER

Ein Unternehmen der
GANSKE VERLAGSGRUPPE

Die Autorin

Esther Schmidt ist eine erfahrene und engagierte Hobbyzüchterin von Kaninchen und anderen Kleintieren. Von Anfang an war es ihr Anspruch, Haltungsbedingungen zu schaffen, die denen in den ursprünglichen Lebensräumen der Tiere möglichst nahe kommen. Dabei ist es Esther Schmidt immer gelungen, den intensiven Kontakt und die enge Vertrautheit zu ihren Tieren zu bewahren.

Die Fotografin

Regina Kuhn ist freie Fotodesignerin und arbeitet seit vielen Jahren als Bildautorin im Bereich Heimtierfotografie. Ihre Tierbilder erscheinen in vielen renommierten Buchverlagen und Zeitschriften. Daneben betreut sie auch Kalender und Werbeproduktionen.

Alle Fotos in diesem Buch stammen von Regina Kuhn.

Syndication:
www.jalag-syndication.de

www.facebook.com/gu.verlag